KB017985

“어둠 속 박쥐를 향해 하강하는
박쥐매의 모습을 좀 보라.”

Bird Day:
A Story of 24 Hours and 24 Avian Lives

Copyright © 2023 by Mark E. Hauber
Illustrations © 2023 by Tony Angell
All rights reserved.
This Korean edition was published by Gamang Narrative
in 2024 by arrangement with the University of Chicago
Press through KCC(Korea Copyright Center Inc.), Seoul.
Korean copyright © 2024 by Gamang Narrative

이 책의 한국어판 저작권은 (주)한국저작권센터(KCC)를
통해 저작권자와 독점 계약한 가망서사에 있습니다.
저작권법에 의해 한국 내에서 보호받는 저작물이므로
무단 전재와 복제를 할 수 없습니다.

새의 시간—
날아오르고 깨어나는 밤과 낮

마크 하우버 글
토니 에인절 그림

지은이의 인사

새들은 하루 종일 무엇을 할까? 그들은 먹이가 풍부한 곳을 찾고, 침입자와 경쟁자 사이에서 살아남고, 연약한 아기 새들을 보살피고, 천적으로부터 안전을 지켜내야 한다. 이런 일들을 해내느라 새들은 깨어 있는 시간 내내 바쁘다. 어떤 새들은 자는 동안에도 한쪽 눈을 뜨고 있을 정도다!

이 작은 책은 내가 새의 행동에 관심을 쏟아온 지난 수십 년의 결과물이다. 독자 여러분은 각각의 장마다 하루 중 한 시간, 그리고 하나의 새를 마주칠 것이다. 인도공작이 짝을 유혹하기 위해 화려한 꼬리깃을 펼치고, 개개비 둥지에 몰래 알을 낳으러 간 뻐꾸기는 둥지 주인을 쫓으려 회색 날개를 퍼덕이고 있다. 매시간 다른 새를 따라가면서 온갖 흥미진진한 캐릭터들을 만날 수 있다. 이른 아침에는 뉴질랜드에서 거의 눈이 보이지 않는 작은점박이키위가 후각으로 지렁이를 사냥하는 모습을 보고, 한 시간 뒤에는 어두운 밤하늘 속에서 박쥐처럼 반향정위✦ 능력을 발휘하며 동굴 속 집을 찾아가는 남아메리카의 기름쏙독새들과 함께 난다. 해가 뜨기 직전에는 탁란하려고 다른 새의 둥지에 침입을 시도하는 갈색머리찌르레기사촌의 뒤를 따라가 본다. 이 침입의 결말은 어떻게 될까? 채 몇 시간이 지나지 않아 미국지빠귀가 낯선 알을 발견하고 둥지 밖으로 내버린다. 정오에는 한낮

✦ **동물이 음파나 초음파를 낸 후 그것이 물체에 부딪혀 돌아오는 메아리를 통해 자신과 주변의 위치 및 방향을 확인하는 것.**

의 햇살마저 무성한 나뭇잎에 가려 희미해지는 열대우림의 땅바닥에서 둥근무늬개미새의 흔적을 쫓는다. 개미 군단의 습격을 피해 달아나는 곤충들을 남김없이 집어삼키며 어부지리로 이득을 얻는 그는 이 전투의 진정한 승자다. 어떤가, 새들을 따라다니는 것만큼 하루를 보람차게 보내는 방법이 또 있을까.

이 책의 출연진은 종이 다양하고 사는 곳도 다 다르며, 이 지구의 손상되기 쉬운 생물다양성을 대변한다. 이제 우리는 스물네 시간 동안 모든 대륙을 여행할 것이다. 하루 동안 진정한 새의 시간을 만끽하길 바란다.

마크 하우버,
독일 베를린과 미국 어배나에서

그린이의 인사

《새의 시간》은 우리의 세계를 넓혀주는 책이다. 새를 더 알게 하고 그들의 삶에 감탄하게 한다. 책을 읽고 나면 우리는 새들이 특정한 시간에 맞춰 자신의 일상을 꾸려가고 있다는 사실을 알게 된다. 그리고 이 하나뿐인 지구에 인간과 공존하고 있는 특별한 동물로 그들을 바라보게 된다. 작업을 하며 나는 새의 행동 하나하나가 지닌 독창성에 마음을 빼앗겼다. 새들이 평생에 걸쳐 이런 행동을 한다는 사실이 특히 경이롭다. 독자 여러분도 박쥐매, 쏙독새, 개미새들이 매일 밤낮으로 먹이를 찾는 모험을 반복하는 일과를 상상할 수 있게 될 것이다. 이들에게는 휴가가 따로 없다.

내 역할은 펜과 잉크로 우리의 새들을 묘사하는 것이었다. 저자인 마크가 이야기로 전하는 극적인 특성에 집중했다. 마크와 한 수많은 논의를 바탕으로 상상력을 발휘해 종 각각의 행동과 환경을 그려냈다. 카카포와 함께 뉴질랜드의 숲 바닥을 돌아다니고, 열기 가득한 아프리카 사바나 한가운데에서 뱀잡이수리가 치명적인 블랙맘바뱀을 덮쳐 목 조르는 장면을 떠올리고, 중앙아메리카 열대우림에서 군대개미 군단을 쫓는 개미새와 함께하는 일은 너무나도 즐거웠다. 물론 새의 형태와 깃털을 정밀하게 옮기는 것도 중요했지만, 무엇보다도 이들을 향한 나의 경외심을 표현하고 싶었다. 새들이 다양한 서식지에서 바로 그 순간 발휘하는 생존 전략이 얼마나 고유하고 놀라운지를 나누고자 했다.

이 책의 생생한 이야기는 독자들에게 새롭고도 흥미로운 정보를 제공할 것이다. 협력을 통해, 찬사를 담아 그린 나의 그림들이 이 여정에 시각적 생명력을 불어넣기를 바란다.

토니 에인절,
미국 시애틀에서

차례

일러두기

— 본문의 각주는 모두 옮긴이가 덧붙인 것이다.
— 새의 이름은 국명을 기준으로 쓰되, 국명이 없는 경우 관용적인 번역어를 따랐다. 국명 대신 본문의 맥락에 맞는 번역어를 쓸 때는 각주를 달아 설명했다.
— 저자는 뉴질랜드의 지명과 고유종 새 이름을 언급할 때 원주민인 마오리족의 문화와 역사를 존중하는 의미로 마오리어 명칭을 병기하고 있다.
— 뉴질랜드를 가리키는 마오리어 '아오테아로아'는 '길고 흰 구름의 땅'이라는 뜻이다.

자정

헛간올빼미

Barn Owl

Tyto alba

전 세계

숲 바닥 쪽에서 부스럭, 들쥐 지나가는 소리가 나면 먹이를 찾는 헛간올빼미가 어둠으로부터 몸을 드러낸다.

극지방의 여름철만 아니라면, 이 행성에서의 자정은 인간을 포함한 모든 동물에게 깊은 어둠의 시간이다. 어떤 종들은 밤을 누린다. 냄새와 소리, 심지어 지구 자기장을 활용해 길을 찾는다. 하지만 새의 경우 대다수가 시각에 의존하므로 이 책에서 하루가 시작되는 자정 풍경이 잠에 취해 있을 거라고 생각한다면 오산이다! 이 시간에도 활동하는 새는 많다. 그중 하나인 올빼미는 빛이 거의 없는 상황에서도 먹잇감을 사냥할 수 있도록 진화했다. 헛간올빼미가 대표적이다.

헛간올빼미는 남극 대륙을 제외한 전 세계 거의 모든 지역에 산다. 하지만 널리 분포해 있다는 사실 때문에 흥미를 잃기는 이르다. 이들은 완전한 어둠 속에서도 사냥할 수 있다. 들쥐와 생쥐 등 온갖 설치류 동물이 밤의 낙엽 더미 사이를 빠르게 헤치며 내는 희미한 소리를 듣고 그 위치를 파악한다. 그러려면 올빼미 자신은 매우 조용해야 한다. 소리 없이 날아다니며 땅 쪽에서 오는 미세한 신호를 알아차린다. 헛간올빼미의 몸집은 다른 새들에 비해 커 보이지만 실제로는 비둘기 정도의 크기와 무게다. 온몸을 뒤덮은 폭신한 깃털 때문에 부풀어 보일 뿐이다. 바로 이 깃털이 비행 중에 발생하는 소리를 최소한으로 줄여주며, 큰 날개와 가벼운 몸체 덕분에 느리고 고요하게 날 수 있다. 올빼미는 그렇게 공중을 맴돌다가 땅바닥의 먹잇감을 정확히 낚아챈다.

청력이 얼마나 뛰어나기에 이들은 어둠 속에서도 먹잇감의 위치를 한 치의 오차 없이 짚어내는 것일까? 헛간올빼미의 얼굴 깃털은 귀쪽 방향으로 나 있어 소리를 모아준다. 또 양쪽 귀가 대칭을 이루는 다른 올빼미들과 다르게 이들의 귀는 높이가 서로 달라 들쥐가 내는 소리의 미묘한 크기와 위치 변화를 섬세하게 감지한다. 이를 통해 헛간올빼미는 소리의 방위와 그 원천까지의 거리를 파악해 삼차원의 인식 지도를 그릴 수 있다.

다행히도 오늘 밤은 건조하다. 헛간올빼미에게 밤에 내리는 비는 성가신 훼방꾼이다. 깃털이 젖으면 조용히 날기 어렵다. 더구나 낙엽 더미에 떨어지는 빗소리가 작은 동물들이 움직이는 소리를 가려버린다.

비가 사냥을 방해하는 반면 빛은 조력자다. 별과 달, 심지어 인간 거주지 근처의 인공조명조차 도움이 된다. 빛은 헛간올빼미의 심야 비행에 시각적 단서를 제공한다. 올빼미의 눈은 인간보다 거의 두 배 민감하기 때문에, 완전한 어둠 속에서든 달빛 아래에서든 쥐의 미세한 움직임까지 쉬이 포착할 수 있다.

오전 1시

작은점박이키위
Little Spotted Kiwi
Apteryx owenii

뉴질랜드—아오테아로아

뭔가 맛있는 냄새가 난다고 작은점박이키위가 느꼈다면, 그건 분명 어둠 속에서 꿈틀거리는 지렁이일 것이다.

여기 티리티리마탕기섬, 뉴질랜드 북섬(마오리어로 '테 이카-아-마우이') 연안에 있고 오클랜드(마오리어로 '타마키 마카우라우')로부터 북동쪽으로 약 30킬로미터 떨어진 2제곱킬로미터 규모의 섬에 날지 못하는 세 종의 새가 산다. 그중 키위와 쇠푸른펭귄(마오리어로 '코로라')은 밤에만 모습을 드러낸다. 어둠 속에 몸을 숨겨 포식자를 피하기 위해서다. (나머지 한 종인 타카헤는 청록색 깃털을 지니고 있어 풀밭이나 덤불에 섞이는 위장 전략을 쓴다.) 작은점박이키위는 타조의 조상인 고대 조류로부터 이어져 내려왔다. 이 섬에는 한때 키위의 거대한 사촌 격인, 타조의 두 배만 한 모아도 살았지만 지금은 없다. 약 천 년 전 섬에 처음 나타난 인간이 모아를 사냥해 겨우 백 년 만에 멸종시켰기 때문이다.

모아와 달리 작은점박이키위는 그다지 좋은 먹잇감처럼 보이지 않는데도 오늘날 위기에 처해 있다. 이들은 너무 작아서 인간이 뉴질랜드에 들여온 많은 포유류 포식자들, 족제비, 흰담비, 야생 고양이와 개에게 당해내지 못했다. 다행히도 현재 티리티리마탕기섬은 야생 조류 보호 구역으로 지정되어 있다. 생태 활동가들이 포식자를 쫓고 인간 방문객을 제외한 모든 포유류의 접근을 막았다. 이를 통해 마련된 안전한 환경에서 키위는 30년 넘게 살 수 있다.

아까 만난 헛간올빼미처럼 작은점박이키위도 대부분의 밤을 사냥하며 보낸다. 키위는 어차피 낮에도 거의 앞을 볼 수 없기 때문에 어둠을 개의치 않는다. 이 눈먼 새는 시각 대신 부리 끝 콧구멍을 써서 자신이 먹을 지렁이와 웨타를 찾아낸다. 냄새도 맡을 겸 기도에 쌓인 먼지도 제거할 겸 코를 킁킁거리며 밤새 걸어 다닌다.

작은점박이키위는 대체로 홀로 지내다가

짝짓기 철이 되어야 만난다. 먼지투성이에 종종 이가 들끓는 이들의 깃털을 생각하면, 서로 못 보는 게 차라리 나은 일인지도 모른다. 외모는 상관없다. 키위는 목소리로 상대를 유혹한다. 때로는 번갈아 부르고 때로는 함께 부른다. 하나가 목소리를 내기 시작하면 다른 키위들도 합류해 돌림 노래처럼 연이어 부르기도 한다. 그런 밤 티리티리마탕기 섬에서는 짝짓기하는 키위들의 이중창과, 어두운 숲 바닥을 돌아다니는 고독한 키위의 콧소리가 어우러진다.

짝짓기 노래의 궁극적인 결말은 거대한 알이다. 작은점박이키위는 모든 조류를 통틀어 몸집 대비 알의 크기가 가장 큰 새다. 알의 무게가 어

✔ 뉴질랜드 고유종 곤충으로 메뚜기목이며 날개가 없고 몸집이 큰 귀뚜라미처럼 생겼다. 웨타라는 이름은 마오리어로 '가장 못생긴 것들의 신'이라는 단어에서 유래했다.

미 새 몸무게의 4분의 1에 달한다. 이렇게 큰 알이 만들어지는 데에는 암컷의 에너지와 시간이 엄청나게 들어가기 때문에, 작은점박이키위가 한 번에 낳을 수 있는 알은 한두 개뿐이다. 그리고 알을 부화시키는 의무는 수컷에게 있다. 수컷은 최대 두 달간 땅굴 속 둥지에서 밤낮으로 알을 품는다. 큰 알의 좋은 점은 큰 새끼 새가 나온다는 것이다. 어린 키위가 먹이를 받아먹는 기간은 고작 한 달에 지나지 않는다. 그 이후에는 독립해, 자신만의 길을 찾으러 숲속을 향해 큥큥대며 나선다.

오전 2시

기름쏙독새

Oilbird

Steatornis caripensis

남아메리카

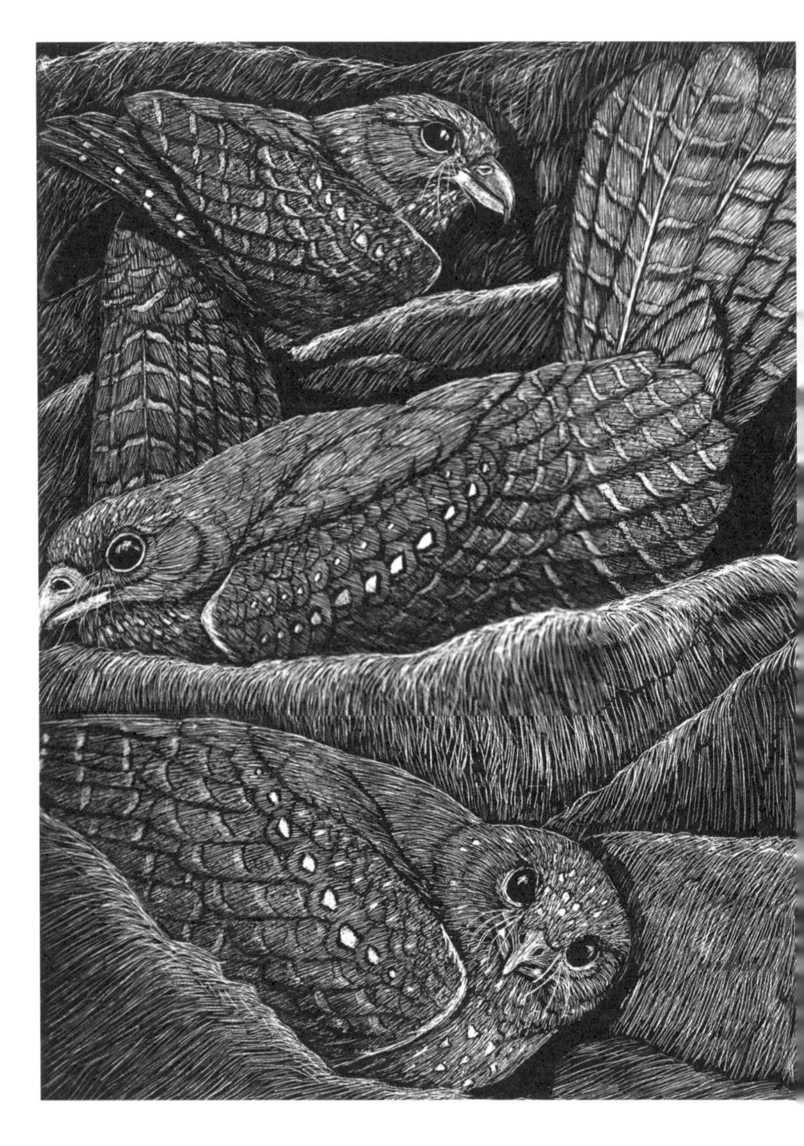

저기 위쪽, 숲 지붕에서 치직치직 소리가 연달아 소란스럽게 나더니 기름쏙독새 한 마리가 날아오른다.

언뜻 보면 사촌 격인 아메리카쏙독새, 푸윌쏙독새와 비슷하지만, 기름쏙독새는 정말이지 특이하다. 이들은 야행성 조류 중 유일하게 열매만 먹는 종이다. 남아메리카 열대우림에 살며 야자수, 월계수, 아보카도 나무의 기름진 열매를 특히 좋아한다. 막 맺힌 어린 열매는 배고픈 새가 통째로 삼킬 만큼 작다. 기름쏙독새는 배설물을 통해 열매의 씨앗을 퍼뜨림으로써 나무가 세대를 잇는 일을 돕는다. 맛있는 식사에 대한 보답인 셈이다.

기름쏙독새는 정교하고 민감한 시각 체계를 활용해 열매를 찾는다. 이들의 눈은 매우 작지만, 그에 비해 동공은 엄청나게 크다. 밤에 빛을 최대한 끌어모으기 위해서다. 사실 이들의 눈은 다른 새들보다 오히려 심해어의 눈을 더 닮았다!

다른 새들처럼 (헛간올빼미가 설치류를

노리듯) 땅을 돌아다니는 먹이를 잡지 않고 나무에 매달린 먹이를 따 먹는데도, 기름쏙독새 역시 느리고 조용하게 나는 데 필요한 폭신한 깃털과 긴 날개를 가지고 있다. 그 덕분에 이들은 풍성하게 달린 야자열매 앞에서 한참 동안 맴돌곤 한다. 둥지가 있는 깊은 동굴을 드나들 때에도 느리게 비행하는 능력은 유용하게 쓰인다.

아까 났던 치직치직 소리가 문득 더 크게 들린다. 이는 기름쏙독새가 반향정위 기술을 쓰는 소리다. 기름쏙독새는 박쥐와 돌고래처럼 자신이 낸 소리가 되돌아오는 파장을 감지해 방향과 위치를 파악하는 몇 안 되는 조류 중 하나다. 박쥐와 돌고래가 내는 초음파는 우리 귀에 들리지 않지만, 기름쏙독새의 소리는 들린다. 기름쏙독새는 이 능력에 의지해 칠흑같이 어두운 동굴 속에 집단 번식지를 마련한다. 둥지는 배설물로 만드는데, 포식자들이 접근하기 어렵게 흐르는 물 위쪽에 짓는다.

그런데 지금, 우리 인간들이 들이닥치자

동굴에는 어마어마한 울부짖음의 불협화음이 울려 퍼진다. 잠재적인 적에게 보내는 경고다. 이 끔찍한 소리가 바로 쿠바 트리니다드 주민들이 기름쏙독새를 프랑스어로 '디아블로탱diablotin', 즉 '작은 악마'라고 부르는 이유다.

그리고 새끼 새들을 보면 이들의 영어 이름에 왜 '지방oil'이라는 단어가 들어가는지 알 수 있다. 새끼들은 너무나 뚱뚱해서 자기 부모보다 몸무게가 더 나간다! 처음 기름쏙독새 동굴을 발견한 인간들은 기름을 얻기 위해 새끼 새들을 잡았다. 새들을 삶아 나온 기름으로 요리하고 빛을 밝혔다. 오늘날에는 다행히도 여러 남아메리카 국립공원에서 기름쏙독새 서식지를 보호하고 있다.

오전 3시

카카포

Kākāpō

Strigops habroptilus

뉴질랜드—아오테아로아

카카포✢는 날 수 있다! 행여 이들의 비행이 우리 눈에는 그냥 날개를 퍼덕이는 것처럼 보일지라도 말이다. 지금 우리 앞에 있는 카카포는 굵은 나뭇가지가 뒤엉킨 덤불을 올랐다가 막 착륙한 참이다.

야행성 앵무새 중 가장 몸집이 큰 카카포는, 어쨌든 날개를 사용한다. 작은점박이키위처럼 이들도 멸종될 위기에 처했다. 오늘날 남은 수가 약 200마리에 불과하고 뉴질랜드의 주요 군도에서도 좀 떨어진, 포유류가 없는 몇몇 작은 섬에만 살고 있다. 이들 서식지에는 생태 보전 목적의 방문만 허락된다. 과학자들과 (마오리족이 '티티'라고 부르는 사대양슴새 등) 바닷새의 새끼를 포획하는 이들만이 간혹 섬을 드나든다.

이 카리스마 넘치는 앵무새를 찾아 우리가 어둠을 헤치며 보낸 밤들만 떠올려봐도, 카카포

✢ **카카포는 마오리어로 '밤의 앵무새'라는 뜻이다. '올빼미앵무새'로도 불린다.**

가 소리와 냄새에 민감하게 진화했을 것이라고 쉽게 추정할 수 있다. 수컷 카카포는 번식기에 가슴께 공기주머니를 울리는 '붐' 소리로 암컷을 유인하는데 이 소리는 아주 멀리 간다. 산꼭대기에서 내는 소리를 골짜기에 있는 암컷도 들을 수 있다. 수컷 카카포들은 한데 모여 무리를 이룬 채 '레킹lekking', 즉 소리를 내고 유혹의 동작을 하며 경쟁하는 구애 행동을 한다. 하지만 수컷 카카포가 애쓰는 것은 암컷의 관심을 끌어 짝짓기에 성공할 때까지다. 그 이후 아비 노릇은 나 몰라라 한다. 암컷이 둥지를 유지하고 알을 품고 새끼 새들을 먹이는 동안 아무런 도움도 주지 않는다.

카카포가 사는 섬의 기후는 양육 과정을 더욱 험난하게 만든다. 비가 자주 내리고 나무 아래층은 늘 축축한데, 카카포의 둥지는 빽빽하게 얽힌 잔뿌리들 아래 혹은 땅에 팬 구멍 속에 숨겨져 있다. 암컷 카카포는 배고픈 아기 새를 먹이기 위해 열매가 달린 리무 나무와 둥지 사이의 진흙탕을

힘겹게 걸어서 오간다.

리무 나무는 2~5년에 한 번씩 열매를 풍성하게 맺고, 암컷은 예민한 후각으로 이를 찾아낸다. 실험 결과에 따르면 배고픈 카카포는 상자 안에 든 과일과 견과류의 냄새까지 맡는다. 새는 냄새를 맡지 못한다는 오래된 속설은 잊어라. 야행성 종 중 상당수가 냄새 지각 테스트를 통과할 수 있다. 카카포에게는 또 하나의 특별한 능력이 있는데, 바로 자외선을 감지하는 감각이다. 이는 다른 앵무새, 벌새 그리고 많은 명금류에게서도 공통적으로 발견되는 특성이다. 하지만 밤의 채집자가 이 감각을 어떻게 쓰는지는 아직 밝혀지지 않았다. 아마도 언젠가 우리의 카카포가 그 능력의 숨은 용도를 알려줄 것이다.

과유불급은 인간에게만 해당하는 교훈이 아니다. 카카포에게도 지나치게 풍족한 환경은 독이 된다. 언젠가 생태학자들은 리무 나무 열매가 적게 열리는 기간에 암컷 카카포가 굶주리지 않고 마음껏 먹을 수 있도록 견과류와 솔방울을 무제한으로 제공하는 실험을 했다. 자연적으로 먹이가 부족한 상황에서도 이들이 새끼 낳는 데 필요한 만큼 몸무게를 늘리도록 말이다. 암컷들은 포동포동 살이 올랐고 인위적으로 조성한 풍요로운 환경에서 알을 낳기 시작했다. 그런데 이상한 일이 벌어졌다. 그 알에서 나온 새들은 대부분이 수컷이었다. 생태학자들이 원했던 결말과는 전혀 달랐다! 카카포의 수가 늘어나려면 암컷이 더 많아져야 했기 때문이다. 그 후로 몇 년간 어미가 될 암컷 카카포에게 적정한 양의 먹이를 제공했더니 새끼 새의 성비가 점차 균형을 이루었다.

오전 4시

나이팅게일
Common Nightingale
Luscinia megarhynchos

유라시아

지금 우리는 독일 베를린에 있고, 우리 앞에서 아름다운 소리를 내는 이 나이팅게일은 사하라 이남 아프리카로부터 광활한 사막과 지중해를 가로지르는 약 4천8백 킬로미터의 대장정을 거쳐 막 돌아온 참이다.

몸집이 겨우 참새만한 이 작은 새가 그런 여행을 해내다니! 이들은 야간에도 하늘의 별과 지구의 자기장을 활용해 방위를 가늠하며 비행한다. 봄에는 북쪽으로 올라갔다가 가을에 남쪽으로 내려온다. 하지만 나이팅게일이 유명해진 것은 이런 장거리 여행 때문이 아니다. 이들은 자연에서 가장 재능 있는 음악가 중 하나이며, 숱한 인간 작곡가에게 영감을 준 뮤즈이기도 하다. 수많은 음악 작품이 나이팅게일로부터 탄생했다.

수컷 나이팅게일 한 마리가 부를 수 있는 악구樂句✦는 평균 200곡에 달한다. 이들은 자신의 뛰어난 가창력으로 구애도 하고 경고도 한다. 지난 밤에는 해가 지고 어둠이 깔리자 암컷을 유혹하려는 수컷 나이팅게일의 노래가 들려왔다. 만약 암컷이 나타났다면, 수컷은 마침내 짝짓기에 성공할 때까지 계속해서 구애의 노래를 불렀을 것이다. 한 쌍의 나이팅게일은 금실이 좋고 부모 역할도 사이좋게 분담하는 것으로 알려져 있다. 암컷이 땅에 둥지를 짓고 알을 품으면, 수컷은 침입자와 포식자로부터 영역을 보호한다. 가끔은 둘이 힘을 합쳐 소리를 내는 경우도 있다. 누군가에게 강하게 경고하기 위해서다. 어쩌면 그들은 알을 훔쳐 먹으러 온 다람쥐와 맞닥뜨렸는지도 모른다.

하지만 사실 나이팅게일 커플의 유대감은 겉으로 보기만큼 끈끈하지 않다. 일정 구역 내 나이팅게일 둥지들을 대상으로 부모와 새끼의 유전자를 분석한 한 연구 결과에 따르면, 노래 레퍼토리가 다양한 수컷은 그렇지 않은 수컷의 짝까지 유

✝ **음악 주제가 비교적 완성된 두 소절에서 네 소절 정도까지의 구분.**

혹한다! 따라서 수컷 입장에서는 다른 둥지 가까이에 자기 둥지를 짓는 것은 께름칙한 일이다. 번식지의 밀도가 높을수록 이웃에 명가수 수컷이 살 가능성이 높아지기 때문이다. 나이팅게일의 평균 수명은 1~5년에 불과하고 (드물게 11년을 산 경우도 있긴 하지만!) 이는 자신의 유전자를 후대에 남길 수 있는 짝짓기의 계절 여름이 평생 몇 번 돌아오지 않는다는 뜻이기도 하다. 이 짧은 생애 동안 사랑의 춤 탱고를 최대한 추려면 어떻게든 암수가 많이 만나야 하고, 그것이 짝외교미가 빈번한 이유일 수 있다.

따라서 밤새 짝에게 구애하던 수컷 나이팅게일은 날이 밝아옴에 따라 곡을 바꾼다. 이제는 주변 수컷들에게 자신의 위치를 알리고 능력을 과시할 차례다. 자기 둥지를 확보하지 못한 방랑자 수컷과 이웃 수컷들의 무단 침입을 막아 영역을 지키려는 것이다. 인간의 귀에는 달콤하게만 들리는 새소리가 실은 무시무시한 경고일 수도 있다!

오전 5시

갈색머리찌르레기사촌
Brown-Headed Cowbird
Molothrus ater

북아메리카

잠자리에서 일어나라! 숲 지붕에 햇살이 닿아 빛의 무대가 열리는 시각, 갈색머리찌르레기사촌의 은밀한 하루가 시작된다.

암컷 갈색머리찌르레기사촌은 하루 일과를 시작하려 바쁘게 길을 나선다. 가장 중요한 일을 이른 아침에 해내야 하는데, 그것은 바로 사기 행각이다. 다른 99퍼센트의 새와 달리 찌르레기사촌은 다른 종의 둥지에 몰래 알을 낳는 탁란 습성을 지녔다. 이들은 암컷이 으레 둥지를 짓고 알을 품고 새끼를 먹일 것이라는 고정관념을 깨뜨리고 그 대신 자신에게 속아 알을 돌봐줄 양부모(혹은 숙주)를 찾아 나선다.

오늘 아침 우리는 미국 중서부 지역, 옥수수밭과 콩밭 사이에 겨우 남아 있는 작은 원시림에 있다. 이곳의 빽빽한 갈대밭이 찌르레기사촌은 물론 붉은날개검은새[*], 흰점찌르레기에게 보금자리가 되어준다. 간밤에 암컷 갈색머리찌르레기사촌의 뱃속에는 알이 만들어졌고 이제 낳을 준비가 됐다. 이들이 여름 한철 동안 낳는 알은 40~70개에 이른다. 그래서 이 기간에는 알이 형성되는 데 필요한 양분을 섭취하느라 바쁘다. 풀밭을 헤치며 많은 양의 씨앗과 곤충을 먹어 치운다. 알껍데기가 될 칼슘을 찾는 것도 일이다. 만약 우리가 어제 오후에 여기 있었다면 찌르레기사촌이 숲 바닥에서 칼슘 공급원인 달팽이 껍데기나 흩어진 뼛조각을 쪼아 먹는 모습을 보았을 것이다.

남의 집에 알을 맡기는 것은 몸싸움 이전에 머리싸움이다. 알을 낳을 때 둥지 주인에게 들켜서는 안 되기 때문이다. 흔한 숙주 중 하나인 북미멧새는 찌르레기사촌이 앉은 것만 봐도 둥지에 있던 알을 몽땅 버린다. 찌르레기사촌의 새끼를 기르느니 차라리 알을 새로 낳는 게 낫다고 생각한

✢ '붉은날개검은새'로 번역한 red-winged blackbird는 찌르레기사촌과 같은 과에 속한 종으로 '붉은날개찌르레기사촌'으로 옮길 수도 있다.

다. 매정하고 고집스러운 행동처럼 보일지 몰라도, 유전자의 입장에서 보면 그편이 더 현명한 선택이다. 새끼 찌르레기사촌은 멧새보다 더 식탐이 많아서 어미 새를 엄청 조르고, 다른 아기 새들과 먹이를 두고 격렬히 경쟁하기 때문이다. 찌르레기사촌 알만 골라내 떨어뜨리거나 부화한 새끼 찌르레기사촌을 알아보고 다른 새끼보다 적게 먹이는 종도 있다.

그러니 새들이 자기 둥지에서 찌르레기사촌을 발견하면 발끈하여 공격하는 것도 이해가 간다. 붉은날개검은새는 힘이 세고 몸집이 커서 몸싸움을 마다하지 않는다. 찌르레기사촌이 알을 낳는 와중에 들이닥쳐 머리와 등에서 피가 날 만큼 힘껏 쪼아댄다. 황금솔새는 찌르레기사촌 특유의 경고음을 흉내 내어 자신처럼 피해를 볼 수 있는 주변 새들을 끌어들인 후 떼로 공격한다. 이 소리를 들은 솔새들은 각자 자기 둥지에 찌르레기사촌알이 있는지 확인한 후 둥지 바닥에 파묻어 버린다.

그것이 갈색머리찌르레기사촌이 이토록 서두르는 이유다. 그는 미리 골라놓은 둥지로 곧장 날아가 주인이 돌아오기 전에 잠입하려 한다. 많은 숙주 종이 새끼가 다 부화하기 전에는 둥지에서 밤을 보내지 않기 때문에 그 틈을 노리는 것이다. 이는 이 새들이 부모 역할을 소홀히 해서가 아니라 둥지를 자주 들락거리면 알을 노리는 포식자에게 들킬 가능성이 높아지기 때문이다. 출입을 자제할수록 둥지는 더 안전해진다. 찌르레기사촌이 들어올 위험이 있는 것만 빼면 말이다.

채 동이 트지 않은 시간에 찌르레기사촌은 어떻게 목적지를 정확히 찾을까? 둥지는 보통 빽빽한 덤불 사이에 꼭꼭 숨겨져 있고, 이 긴박한 와중에 둥지를 찾는다고 이리저리 헤맬 수는 없다. 찌르레기사촌은 전날, 해가 떠 있을 때 미리 정찰해 목표를 점찍어 놓는다. 적당한 둥지가 어디에 있고, 어디쯤 알을 낳으면 감쪽같을지 살펴 기억한다.

인간은 '일화 기억episodic memory'✢을 통

해, 특정 시간에 어디에서 무슨 일이 일어났는지를 명확하게 떠올릴 수 있다. 암컷 찌르레기사촌 역시 같은 방식으로 정신적인 시간 여행을 한다. 이러한 인지 능력을 발휘하도록 진화한 결과 이들의 뇌 속에는 공간 기억을 담당하는 해마가 특별히 크게 자리 잡고 있다. 반면 수컷의 해마는 그렇게 크지 않다. 아마 암컷처럼 숙주의 둥지를 찾고 기억할 필요가 없기 때문일 것이다. 찌르레기사촌과 친척뻘이지만 스스로 둥지를 짓는 큰검은찌르레기사촌이나 붉은날개지빠귀 등도 뇌 중추가 크지 않다.

이제 5분 후에는 해가 뜰 것이고, 찌르레기사촌에게 남은 시간은 많지 않다. 암컷 솔새와 지빠귀들은 일출 직후에 와서 알을 낳는다. 찌르레기사촌알을 발견하면 던져버릴 것이다. 그런데 어떤 둥지 주인은 알을 거부했다가 앙갚음당할까 봐

✝ 경험한 사건이 일어난 시간, 장소, 상황, 감정 등의 맥락 정보가 포함된 기억.

걱정한다. 그럴 만하다. 일부 암컷 찌르레기사촌은 깡패같이 행동한다. 자기 알이 버려지면 그 둥지로 돌아와 남아 있는 알을 몽땅 깨뜨린다. 새끼를 모두 잃은 어미 새는 둥지를 다시 지을 수밖에 없다. 협박은 종종 효과가 있고, 암컷 찌르레기사촌은 새로 마련한 둥지에도 침입한다. 이런 일을 한번 당한 새들은 교훈을 얻어 찌르레기사촌알 내버리기를 꺼리게 된다.

알을 낳는 데 성공한 찌르레기사촌은 여전히 숲속에 남아 있다. 우리가 떠난 후 그는 또 다른 목표 둥지를 찾아내 내일 새벽 여정의 경로를 짜고 외우며 남은 오전 시간을 보낼 것이다.

오전 6시(일출)

호주동박새
Silvereye
Zosterops lateralis

오스트랄라시아

태양이 떠오르고, 그 기운에 영감을 받은 모든 크고 작은 새들의 소리가 합창으로 울려 퍼진다.

남극 대륙만 제외하고 전 세계 모든 곳에는 노래하는 새, 명금류가 살고 있다. 일출 무렵 숲속을 걸으면 설령 새가 보이지는 않더라도 어디에서나 그 고운 소리가 들린다. 새들은 계절을 막론하고 새벽에 합창하는데 특히 온대 기후 지역에서 번식기인 봄철 몇 달간은 시끄럽다 싶을 정도로 끈질기게 노래를 부른다. 이 새벽 합창은 일찍 일어난 탐조인과 조류학자에게 자연이 주는 선물이다. 그 지역에 있는 다양한 종의 노래가 한데 어우러지며 평소에는 조용한 새들도 이때만큼은 목소리를 낸다. 이 시간에 들을 수 있는 노래들은 낮 동안에는 결코 반복되지 않는다.

호주동박새 소리가 들리는가? 흰색 아이라이너를 그린 듯 눈 주변에 둥글고 밝은 고리 무늬가 있는 이 새는 호주 연안과 뉴질랜드 섬, 아프리카, 동남아시아, 태평양 군도 등에서 발견된다.

이 새가 이토록 넓은 지역에 서식하게 된 데에 인간의 개입은 없었다. 호주와 뉴질랜드 사이 태즈먼 해의 너비는 약 2천 킬로미터에 달하는데, 호주에 살던 동박새가 스스로 바다를 건넜거나 극심한 폭풍에 떠밀려 뉴질랜드로 넘어갔다는 설이 있다. 인류가 당도한 약 천 년 전까지 뉴질랜드에는 박쥐를 제외하면 포유류가 거의 없었다. 따라서 뉴질랜드 고유종들은 수백만 년간 둥지를 노리는 포식자가 없는 환경에서 진화해 왔다. 하지만 호주동박새는 그렇지 않다! 이 종은 호주에서 유래했으므로 쥐, 생쥐, 주머니쥐, 담비 등 새를 위협하는 포유류 포식자들이 넘쳐나는 오늘날의 뉴질랜드에서도 살아남을 수 있다. 따라서 호주동박새는 뉴질랜드 군도 대부분의 숲에 서식하며 어느 섬에서든 새벽 합창단에 소속되어 있다.

그런데 수컷 동박새가 아침마다 그토록 우렁차고 끈질기게 노래하는 까닭은 무엇일까? 도대체 누구를 부르는 것일까? 누군가를 속이느라 새벽을 숨죽여 보내는 찌르레기사촌과 달리, 합창단의 새들은 다들 정직하다. 새벽 합창은 사실 육체적으로 꽤 고되다. 이른 아침의 추위 속에서 근육에 힘을 준 채 나뭇가지에 앉아 버텨야 한다. 이 활동을 할 수 있다는 것 자체가 전날 성공적으로 먹이를 구해 에너지를 비축했다는 증거다. 즉, 수컷 동박새는 노래를 부르며 자신의 능력을 과시하는 중이다. 과학자들이 몇몇 동박새들에게만 밀웜 먹이를 추가로 제공했더니, 이들은 그다음 날 노래를 더 많이 불렀을 뿐 아니라 더 복잡한 곡을 선택했다. 반면 추가 먹이를 먹지 못한 새들은 평소처럼 간단한 곡을 부르는 데 그쳤다.

수컷 동박새의 아름다운 노래가 암컷의 마음을 흔든 후에는 어떤 일이 생길까? 이번에는 동박새가 밀집해서 사는 섬으로 가보자. 호주 그레이트 배리어 리프의 헤론섬은 포유류 포식자가 없어 한 종의 동박새가 많은 수로 번식하는 데 성공한 곳이다. 새들이 서로 보이는 거리에 둥지를 틀

정도로 밀도가 높다. 이런 환경이라면 앞에서 만난 나이팅게일처럼 이웃과 짝짓기하는 일도 흔하지 않을까?

하지만 알고 보면, 이 섬의 동박새들은 일찍이 짝을 이루고 평생 둘만의 강한 유대 관계를 지속한다. 유전자 검사 결과도 충직함을 증명한다. 과학자들은 둥지별로 부모와 새끼 새 간의 친자 확인 검사를 해보았는데, 불일치 사례를 단 한 건도 찾지 못했다. 모든 아기 새가 그들의 양쪽 부모로부터 태어난 것이 맞았다. 헤론섬에서 짝외교미가 일어나지 않는 데에는 그럴 만한 이유가 있을 것이다. 여러 세대에 걸쳐 친척 간 근친 교배가 이뤄졌기 때문에 새들 사이 유전적 다양성이 거의 없다. 이는 자기 짝을 속이고 다른 새와 짝짓는 것이 유전적으로 그다지 이득이 되지 않는다는 뜻이다. 따라서 동박새 한 쌍이 서로에게 충실하고 협력하며 살아가는 삶이 여러모로 더 나아 보인다.

오전 7시

꼬마벌새
Bee Hummingbird
Mellisuga helenae

카리브해

햇살이 비추고 온기가 돌기 시작하는 아침의 쿠바 숲, 형형색색의 꽃들이 만발한 만화경 같은 풍경 속에서 분주히 순찰 중인 꼬마벌새를 볼 수 있다.

세계에서 가장 작은 새로 공식 인정받은 꼬마벌새의 몸무게는 약 2그램에 불과하다. 10원짜리 동전 두 개보다 더 가벼우며 같은 벌새과 친척들 중에서도 단연 작다. (인간을 포함한) 온혈 척추동물의 경우 몸 크기는 신진대사와 밀접하게 관련된다. 작을수록 신진대사 속도가 더 빠르다. 그러므로 작다는 것은 꼬마벌새의 많은 속성을 좌우한다.

꼬마벌새는 꽃의 색(과 색이 반사하는 자외선)을 예민하게 감지하는 시각을 활용해 꿀을 찾는데, 하루에 필요한 열량을 충분히 섭취하려면 최대 1천5백 송이의 꽃을 방문해야 한다. 일부 벌새 종, 특히 고지대에 사는 종들은 해가 진 후 급격하게 떨어지는 기온에 자신의 체온을 맞추고 밤새 휴면 상태에 빠진다. 에너지 소모를 막기 위해서다.

이때 벌새의 심장 박동과 신진대사는 거의 멈춘다.

벌새의 꽃 방문은 이기적인 행동으로 보일지도 모른다. 식물이 기껏 만들어놓은 다디단 꿀로 자기 배를 채우려는 것이니 말이다. 하지만 식물에게도 이득이 있다. 벌새는 꽃가루를 묻힌 채 수술과 암술을 오가며 열매 맺고 재생산하기 위한 수정 과정을 돕는다. 어떤 벌새는 특정 식물만 골라 방문하며 그에 맞게 부리가 진화했지만, 꼬마벌새의 취향은 그렇게까지 까다롭지 않다. 주변에 핀 다양한 꽃들을 두루 누비면서 벌새 특유의 긴 혀로 꿀을 끝까지 빨아 먹는다. 꽃 안에 숨어 있던 작은 곤충과 거미도 벌새에게 단백질을 공급하는 먹이가 된다.

우리의 꼬마벌새에게는 이 모든 자양분이 필요하다. 벌새는 심박수가 가장 높은 동물 중 하나다. 1분에 심장이 1천 번이나 뛰며 호흡수는 200회가 넘는다. 어떤 인간의 심박수와 호흡수가 이 정도면 병원이 발칵 뒤집힐 것이다! (보통 인간의 심박수는 분당 100회, 호흡수는 20회 미만이다.) 공중에 떠서 꽃 주위를 맴돌 때 벌새는 날개를 초당 약 80번 퍼덕인다. 암컷을 향해 윙윙대면서 노래 부르는 수컷 꼬마벌새의 날갯짓 횟수는 100회를 넘어간다. 그는 잘 보이려고 날개가 찢어져라 애쓴다. 하지만 수컷의 노력은 거기까지고 그다음 일들은 모두 암컷에게 돌아간다. 다른 벌새 종과 마찬가지로 이들의 경우에도 둥지를 짓고, 두 개의 알을 낳아 품고, 새끼 새가 독립할 때까지 길러내는 건 고스란히 어미 새의 몫이다.

오전 8시

미국지빠귀
American Robin
Turdus migratorius

북아메리카

찌르레기사촌이 둥지에 낳고 간 달갑지 않은 알이 아침 햇살에 드러나지만, 안타깝게도 어미 미국지빠귀는 몇 시간 동안 이를 알아채지 못할 것이다.

미국지빠귀는 늦게 일어나는 새다. 많은 명금류 새가 날이 밝자마자 알을 낳는 반면 미국지빠귀는 느긋하다. 새는 아니지만 새 박사인 나조차도 새벽부터 득달같이 현장에 달려 나가는 '얼리 버드'인데 말이다. 내가 주로 활동하는 현장은 미국 중서부 지역의 나무 농장으로, 열 맞춰 심어 놓은 조경용 나무들에 지빠귀 둥지가 숨겨져 있다. 우리는 이른 아침부터 새를 따라다닌다. 둥지를 찾으면 알마다 사인펜으로 표시하고 총개수를 세어 둔다. 그런 다음 (밤에 올빼미를 관찰하고) 오후에 현장에 나오는 학생들과 교대한다. 학생들이 둥지를 다시 확인하면 아침보다 알이 늘어나 있다.

나를 이곳으로 이끈 것은 앞에서 만난 찌르레기사촌을 향한 호기심이다. 미국지빠귀는 찌르레기사촌이 숙주로 여기는 250여 종 조류 중 하나다. 다른 90퍼센트와 다르게 이들은 찌르레기사촌의 알을 대놓고 던져버린다. 지빠귀의 알은 청록색이고 무늬가 없는 반면 찌르레기사촌의 알은 얼룩덜룩한 베이지색이기 때문에 둘을 구분하는 것은 그다지 어렵지 않아 보인다. 하지만 이렇게 차이가 뚜렷한데도 불구하고 지빠귀가 찌르레기사촌의 알을 골라내는 데에는 한 시간에서 하루 정도 걸린다. 그래서 나는 어미 지빠귀보다 먼저 찌르레기사촌알을 발견하기 위해 한시바삐 달려가곤 했다.

지빠귀가 찌르레기사촌알을 언제 어떻게 알아채는지를 궁금해한 것은 나만이 아니었다. 과학자들은 약 한 세기 동안이나 이 수수께끼를 풀려고 고심했다. 1929년에 한 연구자는 다양한 크기와 색을 지닌 가짜 찌르레기사촌알을 만들어 지빠귀를 시험에 들게 했다. 1980년대에도 또 다른 연구자가 이 실험을 반복했고, 2010년대에 들어서는 내 학생들이 같은 실험을 했다. 지빠귀는 같은 가짜 알이어도 자기 알과 닮은 크고 파란 알보다 작고 얼룩덜룩한 베이지색 알을 더 자주 내던졌다. 진짜 지빠귀알과 외양이 다를수록 거부될 확률이 더 높았다.

지빠귀가 색만 유심히 보는 것은 아니다. 연구자들이 청록색으로 칠한 나뭇가지와 가짜 알을 둥지에 넣어놓자, 모든 암컷 지빠귀들이 나뭇가지를 남김없이 치워버렸다. 한편 가짜 알 중 절반은 골라내지 못했다. 최근 내 연구실이 진행한 실험에서는 좁은 원통, 모서리가 뾰족한 다이아몬드 모양 등 알의 형태가 아닌 물체는 아무리 지빠귀알과 같은 색이어도 모조리 둥지에서 내쫓겼다.

또한 첫 실험에서 가짜 알에 속아 넘어간 암컷은 두 번째 실험 때에도 가짜 알을 품었고, 처음부터 가짜 알을 골라낸 암컷은 반복된 실험에서도 속지 않았다. 이런 결과는 새마다 성격이 다르며 어떤 지빠귀는 다른 지빠귀들보다 깐깐하다는 사실을 알려준다.

새에게 알은 번식의 초석이기에 새가 알

에 집착하는 것은 당연하다. 알이 없으면 부화도 일어나지 않고 부화가 없으면 아기 새도, 다음 세대도 없다. 설령 무사히 부화한다고 해도 찌르레기사촌이 지빠귀 둥지에서 살아남기는 어렵다. 둥지는 비좁고, 새끼 지빠귀들은 부모가 물어다 준 먹이를 차지하기 위해 치열하게 경쟁한다. 찌르레기사촌은 어려서나 다 커서나 지빠귀보다 작으므로 그 틈바구니에서 버티기가 쉽지 않다. 실제로 지빠귀 둥지에서 태어난 새끼 찌르레기사촌 중 절반이 날갯짓을 해보기도 전에 죽는다. 어차피 이런 상황인데 어미 지빠귀들은 찌르레기사촌알에 왜 그렇게까지 난리법석으로 반응할까? 물론 유전적으로 관련이 없는 새끼와 한 둥지에서 사는 것은 지빠귀 가족 모두에게 부담스러운 일이다. 지빠귀의 입장에서는 아기 찌르레기사촌이 더 몸집 큰 자기 아기들에게 밀려날 때까지 시간을 두기보다 애초에 알을 치워버리는 편이 더 간단하다. 아무렴, 그렇고말고. (퍽퍽, 알 깨지는 소리)

오전 9시

뉴기니아앵무
Eclectus Parrot
Eclectus roratus

오스트랄라시아

밝은 빨간색과 파란색이 섞인 이 알록달록한 앵무새는 옷을 한껏 차려입었지만 딱히 갈 곳이 없고, 보통은 집에 틀어박혀 지낸다.

암컷 뉴기니아앵무는 너무나 아름답지만, 너무나 보기 힘들다. 나무 구멍 속 둥지를 거의 벗어나지 않기 때문이다. 그럴 만한 이유가 있다. 이 종은 오스트랄라시아의 오래된 열대우림에 사는데 그곳에서도 나이 든 나무에 뚫린 크고 견고하고 건조한 구멍은 매우 드물다. 따라서 암컷 뉴기니아앵무가 운 좋게 그런 구멍을 찾아냈다면 다른 암컷 혹은 다른 종이 접근하지 못하도록 물리쳐야 한다. 그렇게 평생 대부분의 시간을 집 지키는 데 쓴다. (사육할 경우) 수명이 30년에 달하는 앵무새에게 안전하고 튼튼한 둥지 구멍은 번식의 성패를 가르는 주요한 요인이다.

그렇다면 이들의 몸을 수놓은 아름다운 색의 쓸모는 무엇일까? 암컷이 둥지 구멍 입구에 앉아 있을 때 이 색은 놀랍게도 보호색으로 작용한다. 나무 몸통의 갈색을 배경으로 하면 포식자의 눈에 잘 띄지 않는다. 반면 수컷은 대체로 형광 초록색을 띠는데, 이 색은 열대우림의 나뭇잎들과 어우러져 완벽한 위장의 수단이 된다. 저기 수컷 한 마리가 날아다니는 모습을 보라. 그는 로즈애플 같은 수분 많은 과일이나 마카랑가, 타마린드 등 두껍고 섬유질이 풍부한 씨를 찾는 중이다. 수컷은 이런 먹이를 삼켜 반쯤 소화했다가 귀가 후 게워내 암컷과 나눠 먹으며, 암컷은 그중 일부를 새끼 새에게 먹인다.

짝이 삼켰던 음식을 나눠 먹는 한 쌍이라니, 무척 금실이 좋아 보일지 모르지만 이들의 관계는 독점적이지 않다. 한 암컷이 여러 수컷과 짝짓기를 하는 다자 연애 관계가 일반적이다. 대체로 수컷 두 마리가 하나의 둥지, 한 마리 암컷과 두 마리 새끼 새들을 함께 돌본다. 그리고 이것이 적당한 나무 구멍을 차지하려는 암컷 간 경쟁이 치열한 이유 중 하나다. 둥지의 위치가 중요하다. 알을 숨기는 은신처의 기능을 하면서도 양육의 책임을 분담할 수컷들이 오기 편한 곳이 좋다. 암컷의 밝은 총천연색은 경쟁의 무기다. 다른 암컷에게는 자신의 우월한 전투 능력을, 수컷에게는 강한 번식력을 보여주는 신호다.

뉴기니아앵무의 눈에 뉴기니아앵무는 어떻게 보일까? 우리가 앞에서 만난 다른 앵무새들과 마찬가지로, 뉴기니아앵무의 망막은 자외선 파장을 감지할 수 있다. 이 주파수 범위에서 앵무새들은 더욱 화려하게 보이는데, 이런 종류의 빛을 감각할 수 없는 매나 포유류 포식자의 눈에는 그 아름다움이 드러나지 않는다.

둥지 구멍은 그야말로 삶의 환경을 좌우한다. 열대성 폭우가 닥쳤을 때 벽이 너무 얇아 무너져 버리는 둥지가 있는가 하면, 어떤 둥지는 견고하게 버티며 바닥도 뽀송뽀송하다. 침수되기 쉬운 둥지 구멍에 사는 어미 새는 두 마리의 새끼 새 중 나중에 태어난 (종종 수컷인) 둘째를 죽인다. 이는 (종종 암컷인) 첫째의 생존 가능성을 높이는 선택이다. 알을 두 개 낳아놓고 한 마리를 포기하는 행동이 의아해 보일 것이다. 하지만 먹이가 제한되어 있고 안전이 담보되지 않는 상황에서는 한 마리 새끼를 살리는 데 집중하는 게 더 효과적인 전략일 수 있다. 둥지에 차오른 물이 아기 새 둘을 모두 덮치는 비극을 맞닥뜨리기 전에 말이다.

오전 10시

인도공작

Indian Peafowl

Pavo cristatus

아시아에서 전 세계로 확산

다윈이 그토록 사로잡혔던 인도공작이 잠에서 깨는 시간이다. 나무 높은 곳에서 밤을 보낸 수컷 공작이 땅으로 내려와 이미 하루를 시작한 암컷 공작들을 만나러 간다.

밝은 아침 햇살 속에서 색색의 몸이 기지개를 켜듯 생생히 살아난다. 수컷들은 여기저기에 흩어져 암컷 관객을 향한 쇼를 시작한다. 뽐내는 소리를 내며 찬란한 옷자락을 펼쳐 보인다. 인도공작은 외양만큼이나 상징적이고 신비로운 존재다. 고향인 아시아로부터 영국, 독일, 미국, 뉴질랜드 등으로 퍼져 이제는 전 세계 여러 지역에서 살고 있는데도 이들에 관해 풀리지 않은 수수께끼가 아직 많이 남아 있다. 다윈과 그 뒤를 이은 진화생물학자들이 오랫동안 관심을 기울였는데도 말이다.

이는 원서식지에서의 야생 상태 인도공작에 대한 연구가 거의 없기 때문이기도 하다. 서구의 과학자들은 다른 서식지에 적응한 인도공작을 관찰함으로써 행동의 패턴을 밝히려고 했다. 이에 따르면 형제 공작들은 합동으로 쇼를 펼친다. 자신들 중 결국 누가 짝짓기에 성공할지는 알 수 없지만 일단 관심 있는 암컷을 끌어들이기 위해 협력하는 것이다. 이타적으로 보일지 몰라도 진화론적 관점에서 해석하면 다 이유가 있는 행동이다. 유전자의 입장에서는 당연히 자신의 아이를 낳는 것이 최선이다. 하지만 그럴 수 없다면 유전적으로 관련이 없는 다른 새보다는 형제가 아이를 낳는 편이 낫다. 진화생물학자들은 이를 일컬어 생식적 측면에서 '간접 적합도'[✝]라는 이득을 얻는다고 말한다. 인간이 혈연 관계의 가족에게 더 많은 선물을 하는 경향이 있는 것도 같은 이치로, 유전적으로 가깝기 때문이라고 설명한다.

✝ 적합도fitness는 개별 유전자 혹은 유전형질이 다음 세대로 전달되는 정도를 나타내는 생물학 용어다. 진화생물학자들은 어떤 개체의 이타적 행동은 개체 당사자가 아닌 유전자에 이롭기 때문에 나타날 수 있다고 설명한다.

공작이 펼쳐 보이는 짙은 푸른색과 초록색 옷자락 역시 수수께끼다. 우선 이것이 꽁지가 아닌, 뻣뻣한 갈색 꽁지깃으로 받쳐진 매우 긴 등깃털 다발이라는 사실을 알아두자. 깃털을 다 세우면 높이가 공작의 등으로부터 약 2미터 가까이에 이른다. 통상 '눈'이라고 불리는 둥근 무늬는 나노구조 수준에서 미세하게 설계된 깃가지들로 이루어져 있다. 그 결과 공작의 깃털은 자외선 영역에서 풍성하게 발현되는 색을 포함해 인간의 시각으로는 다 헤아릴 수 없는 아름다움을 내뿜는다. 그렇게 진화한 이유는 무엇일까? 공작 자신도 인간처럼 자외선을 보지 못하는데 말이다! 즉 암컷 공작을 유혹하는 데에는 쓸모가 없다. 공작의 포식자들도 마찬가지로 자외선을 보지 못한다. 그렇다면 쇼가 너무 지나친 것 아닌가?

아마도 암컷은 가장 소란스럽고 화려한 수컷을 찾고 있을 것이다. 그런 수컷을 알아채지 못하고 지나치기는 어렵다. 햇빛을 받아 윤슬처럼 빛나는 저 깃털 좀 보라. 암컷 공작은 일단 자신의 짝이 될 수컷을 고르면, 상대에게 대단히 충실하고 또 엄청나게 집착한다. 왜 그럴까? 수컷 공작은 둥지를 틀고 알을 부화시키고 새끼를 보호하는 일련의 양육 과정에는 전혀 관여하지 않는다. 이들은 그저 공작의 대를 잇기 위한 정자 기증자에 불과하다. 하지만 암컷 공작 입장에서는 가장 아름다운 수컷을 선택했을 때 아들 역시 그 아름다움을 물려받아 대대로 짝짓기에 성공할 가능성이 높아진다. 이것이 과학자들이 주장하는 '섹시한 아들 가설'이다. 암컷은 그다음 해 짝짓기 철에도 같은 수컷을 반복해 선택하곤 한다. 그리고 종종 수컷 뒤에 서서 배설강을 꼼꼼히 살핀다. 성병의 징후가 있는지 확인하려는 듯 말이다. 또한 기생충이 적은 수컷일수록 짝짓기 경쟁에서 유리하다.

수컷 공작들은 기꺼이 서로의 짝짓기 들러리 역할을 하는 반면, 암컷들은 서로를 멀리한다. 수컷과 달리 암컷은 짝 찾는 일과 관련해서는 도움을 주고받을 필요가 없다. 따라서 암컷들이 최고의 수컷을 공유하거나 하는 것이 진화론적 관점에서는 그다지 효용이 없다. 차라리 다른 암컷을 쫓아버리는 것이 (좀 포악해 보일지언정) 훨씬 성공적인 전략이다.

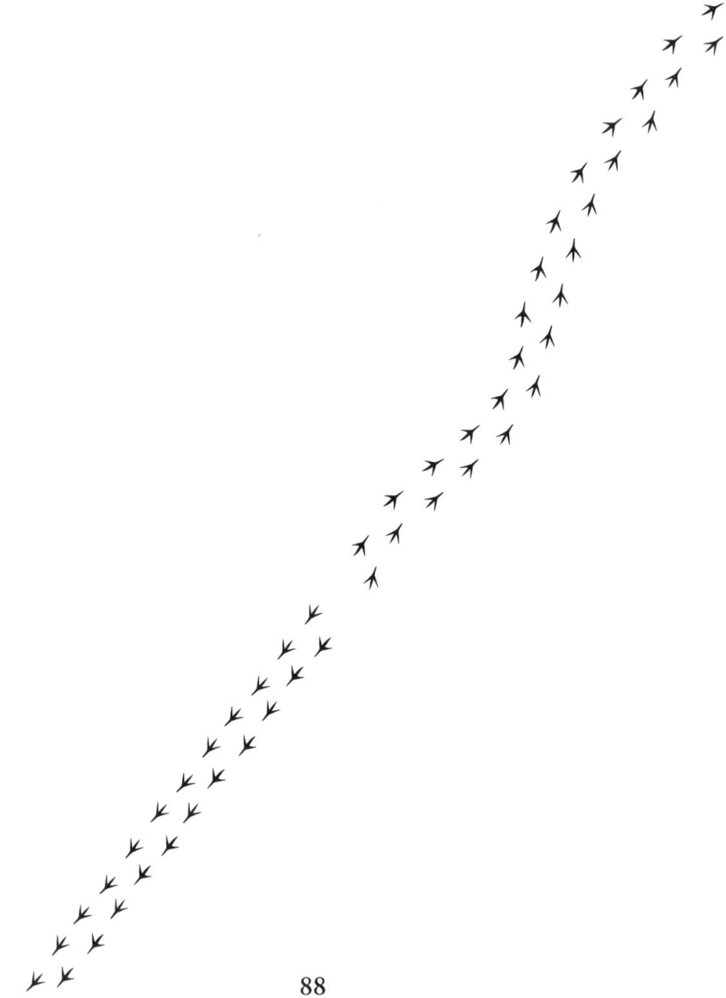

오전 11시

흰죽지
Common Pochard
Aythya ferina

유라시아

우리를 향해 윙크하는 저 흰죽지들이 보이는가? 오리가 이렇게 무리 지어 다니는 것은 서로 어울리는 동시에 스스로를 보호하기 위해서다.

오리는 전리품을 찾아다니는 인간 사냥꾼과 무리 중 뒤처진 새를 낚아채려는 송골매 모두에게 탐스러운 한 줌의 먹잇감이다. 이들을 향한 위협은 밤낮을 가리지 않는다. 그래서 오리는 가능할 때마다, 심지어 해가 중천인 한낮에도 틈틈이 잠을 자두려고 한다.

오리를 비롯한 물새들은 잡아먹히는 포식률이 매우 높기 때문에 포식자를 피하고 주변을 경계하며 일생의 대부분을 보낸다. 암컷은 자기 몸색과 비슷한 둥지에 숨는 위장 전략을 쓰고, 큰 무리에 속해 물 위를 떠다님으로써 포식자에게 특정될 위험을 줄인다. 새가 더 많을수록 포식자가 자신을 낚아챌 가능성은 낮아진다. 함께 있는 편이 안전하다.

그것이 바로 오리가 단체 생활을 하는 이

유다. 무리 속에서 오리는 비로소 해야 할 일에 집중한다. 안전하다고 느끼는 와중에야 동성과 겨루고 짝짓기 상대를 만나고 깃털을 손질해 몸치장을 하는 등 일상적인 활동을 할 수 있다. 몸치장과 관련해서 더 이야기해 보자면, 새의 부리는 자연에서 가장 성능 좋은 빗이다. 몸에서 이와 진드기를 제거할 뿐 아니라 깃털에 기름을 잘 먹여 젖는 것을 방지하는 데에도 유용하다. 깃털이 가지런해지면 날기에도 좋다.

지금 우리가 보듯이 오리는 낮에도 잘 수 있다. 하지만 수면 중에는 포식자는 물론 기생충, 경쟁자 혹은 물의 변화 등 잠재적인 위험 요인을 감지하고 대처할 수 없다. 그래서 오리는 뇌의 반은 깨어 있고 다른 쪽 반만 쉬는 '단일 반구 수면' 방식으로 자도록 진화했다. 이렇게 잘 때 깨어 있는 뇌와 연결된 눈에서는 10초 이내로 빠르게 깜빡이는 현상이 나타나는데 과학자들은 이를 '힐끗대기 eye-peeking'라고 부른다. 오리가 이렇게 힐끗대는 동안 다른 쪽 뇌와 눈은 완전한 휴식에 빠져든다.

흰죽지가 자는 모습을 보고 싶다면 세르비아의 수도 베오그라드를 관통해 흐르는 다뉴브강을 방문해 보자. 이곳은 겨울철에 우리의 흰죽지를 비롯한 수많은 새들이 찾아오는 철새 도래지다. 오리의 윙크를 직접 관찰하기 전에는, 무리가 더 클수록 힐끗대기는 덜 일어날 것이라고 쉽게 예상할 수 있다. 다른 새들도 경계 중인데 나까지 뭐하러 귀찮게 눈을 떴다 감았다 하겠는가? 하지만 실제로는 정반대다! 이웃의 밀도가 높을수록 오리는 눈을 매번 더 오래 뜨고 있다. 아마도 오리는 옆의 새와 부딪치는 것에 매우 민감한 모양이다. 물에 떠 있는 오리들이 많을수록 더 많은 윙크가 오간다.

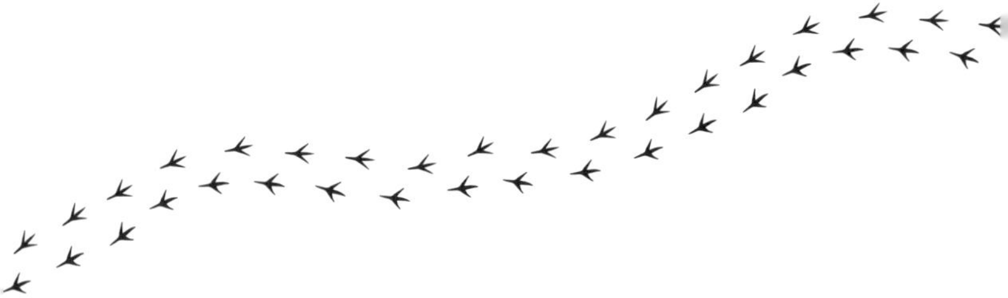

정오

둥근무늬개미새

Ocellated Antbird

Phaenostictus mcleannani

중앙아메리카

개미들의 흔적은 우리를 둥근무늬개미새에게 인도한다. 개미새는 진격하는 군대개미 근처에서 어부지리를 노리는 새들 중 하나다.

이름이 불러일으키는 오해와 달리 둥근무늬개미새가 잡아먹는 상대는 개미가 아니다. 이들은 개미를 쫓아다니는 새다. 군대개미가 무리 지어 공격에 나서거나 하루의 행군을 마치고 퇴각하는 주변에서 쉽게 발견할 수 있다. 군대개미가 다가오면, 이들의 먹이인 여러 곤충은 개미 턱에 씹히는 죽음을 피하려고 이리저리 튀어 오르고 날아오른다. 바로 이때 우리의 둥근무늬개미새 그리고 풍금조, 땅개미새, 숲발바리가 급습한다. 군대개미의 뒤를 쫓는 여러 새들은 각자 다른 높이와 거리에서 먹잇감을 공략함으로써 경쟁자들과 이 특별한 먹이 활동 기회를 공유하는 동시에 서로로부터 자신의 무리와 영역을 지킨다.

새는 자신과 동기가 비슷한 다른 새 무리를 어떻게 찾아낼까? 그들의 울음소리를 익히면

된다. 숲발바리는 굴뚝새를 따라가고, 개미새를 따라가고, 군대개미를 따라가고… 마치 전래 동요 내용 같다. 과학자들은 한 종이 다른 종의 대화에 귀 기울이는 전략을 '이종 특정 엿듣기heterospecific eavesdropping'라고 부른다. 개미의 추종자들만 엿듣는 것은 아니다. 이런 전략이 먹이를 찾는 데에만 도움 되는 것도 아니다. 예를 들면 일부 코뿔새는 원숭이가 독수리를 경계해 내는 경고음을 듣고 자신을 보호하고, 황금솔새는 남의 둥지를 노리는 찌르레기사촌의 소리에 신경을 곤두세워 속임수를 피한다.

엿듣기가 가능하려면 듣는 자와 소리 내는 자 간 일종의 공통분모가 있어야 한다. 즉 엿듣는 새들은 자기 종을 넘어서는 '언어' 능력을 발휘해야 한다. 파나마에서 행해진 한 실험은 흥미로운 결과를 보여준다. 파나마 본토에서 녹음한 개미새 소리를 지난 세기 파나마 운하 건설로 인해 고립되어 생긴 한 섬(이곳에서는 개미새가 멸종되었다)에서 틀었더니 원래 개미새 소리를 엿듣는 것으로 알려진 종들도 그 소리를 알아듣지 못했다. 반면 본토의 같은 종 새들은 소리에 반응했다. 섬 새들의 상황은, 마치 프랑스어를 들어본 적 없이 자랐는데 이제 와 프랑스어 대화를 엿들어 보라고 요청받은 것이나 다름없다. 뭔가 다른 언어라는 것은 알지만 그 의미를 파악하지는 못한다. 안타깝게도, 최고의 식당으로 가는 길을 알려주는 소리인데 말이다.

오후 1시

뱀잡이수리
Secretary Bird
Sagittarius serpentarius

아프리카

한낮의 뜨거운 태양이 이 황홀한 사냥꾼을 불러내고, 스르륵 미끄러지듯 지나가는 먹잇감의 피를 데운다.

열대·아열대 기후의 아프리카 사바나에 당당하게 서 있는 이 새, 뱀잡이수리를 만나는 것은 엄청난 행운이다. 곧게 선 높이가 90센티미터에 달하고, 호리호리한 몸통과 긴 목을 지녔다. 얼굴에는 정교한 무늬가 있고 머리 깃털은 왕관처럼 뻗어 있다. 전체적인 차림새가 19세기 유럽의 필경사 혹은 궁수를 연상시키기도 하며, 이로부터 '궁수자리*Sagittarius*'라는 라틴어 속명이 붙여졌다.

이름을 좀 더 들여다보면 '땅꾼*serpentarius*'이라는 종명에서는 이 새가 가장 즐기는 식사에 관한 단서를 찾을 수 있다. 땅꾼은 뱀을 잡아 파는 사람이다.

냉혈동물인 뱀은 한낮의 열기를 이용해 체온을 높이기 때문에 이 시간대에 가장 눈에 잘 띄는 동시에 가장 빠르게 움직인다. 그렇다면 자신의 최고 속도로 움직이는 뱀을 뱀잡이수리는 어떻게 사냥할까? 새의 외양을 다시 한번 보라. 아래쪽이 반쯤 비늘로 덮인 긴 다리가 눈에 띌 것이다. 이 발로 뱀을 밟아 잡는다. 발을 구를 때마다 독이 있는 뱀의 이빨을 피해야 하기 때문에 뱀 사냥은 위험한 대결이다. 발뼈가 비늘로 덮여 있는 것은 그 때문이다. 뱀잡이수리는 열대 아메리카에 사는 카라카라와 함께, 날개 아닌 발로 먹이를 쫓는 몇 안 되는 매목 조류다.

그러나 오늘날 열기는 뱀잡이수리의 적이기도 하다. 나미비아의 서쪽 사막을 따라 서식하는 이들에게는 특히 더 그렇다. 기후 위기로 인해 평균 기온이 상승하고 이상 고온 현상이 발생하면서 통상의 뱀잡이수리 번식기가 현저히 더워졌다. 이는 알 속 배아의 발달이 저해되는 결과로 이어진다.

또한 인간의 개발은 뱀잡이수리의 번식지를 직접적으로 위협하고 있다. 야생의 초원이 줄고 농경지가 늘어나면서 큰 나무 꼭대기 위 뱀잡이수리 둥지의 평화는 위태로워졌다. 인간의 출현이 잦아져 뱀잡이수리 부모가 알을 품지 못하고 둥지를 벗어나는 경우도 많다. 그 결과 방치된 둥지에 남겨진 알들은 직사광선에 익어 태어나기도 전에 죽고 만다.

오후 2시

황제펭귄
Emperor Penguin
Aptenodytes forsteri

남극

지구상 대부분의 위도에서 이른 오후까지는 밝은 빛을 기대할 수 있다. 하지만 겨울철 남극 대륙은 예외다. 바로 이때가 펭귄의 번식기다.

계절이 바뀌고 낮의 길이가 짧아지면 북극에 서식하는 대부분의 새는 차가운 겨울을 피하기 위해 남쪽으로 긴긴 이동을 시작한다. 지구 반대편 남반구에 사는 황제펭귄도 겨울이 다가오면 행군에 나선다. 하지만 다른 새들과 달리 이들이 향하는 곳은 열대 지역의 따뜻한 기후 쪽이 아니라 극지방, 겨울의 한가운데다. 황제펭귄은 남극 대륙의 단단한 해빙 위에 모여서 구애하고, 짝을 찾고, 짝짓기를 한다. 암컷은 단 하나의 알을 낳아 수컷에게 건네주고 수컷은 그 알을 발 위 알주머니에 넣고 체온으로 데운다. 그는 이제 두 달간 남극의 혹독한 겨울 날씨를 견디며 알을 품을 것이다. 이 계절의 이 시기에는 하루 중 어느 시간에도 직사광선이 비치지 않는다. 남극 폭풍우가 알을 품은 펭귄들을 덮치기도 한다. 그동안 암컷은 먹이를 찾아

떠났다가 새끼에게 먹일 크릴과 물고기를 소화기관 상부에 채워 돌아온다.

새끼 황제펭귄은 보통 암컷이 돌아오기 며칠 전에 알에서 깨어난다. 막 태어났을 때는 수컷이 게워내는 소낭유嗉囊乳를 받아먹는다. 이는 지방이 풍부한 유동식 형태다. 펭귄뿐 아니라 비둘기와 홍학 역시 새끼에게 소낭유를 먹인다. 암컷이 돌아온 후 수컷은 서둘러 떠나 긴 줄을 이루며 행군한다. 가장 가까운 얼음 틈과 탁 트인 바다로 향하는 중이다. 암컷이 무리에 남아 새끼를 돌보는 동안 이번에는 수컷이 배를 채울 차례다.

어린 펭귄이 어른 펭귄의 약 3분의 1 크기로 자라면, 스스로 남극의 바람과 추위에 맞설 준비가 된 것이다. 어느 정도는 말이다. 이들 청소년 펭귄은 '크레슈crèche'[†]라고 불리는 모둠을 이루어, 부모들이 물고기를 잡으러 간 동안 체온을 나누고 서로를 따뜻하게 지킨다. 부모가 돌아오면 새끼들은 특유의 목소리로 요란하게 울어댄다. 부모는 자기 새끼를 알아보고 갓 잡은 물고기를 먹인다. 그로부터 좀 더 시간이 지나면 새끼들에게는 자립할 시기가 찾아온다. 대부분의 새에게 자립은 난다는 뜻이지만, 펭귄에게는 스스로 먹이를 찾고 살아갈 수 있게 된다는 뜻이다.[**] 모든 것이 차질 없이 진행된다면 이즈음에는 어린 황제펭귄들의 삶이 시작된 해빙이 깨지기 시작한다. 바다가 한층 가까워지고 물고기, 크릴, 오징어 같은 먹이를 잡기가 한결 쉬워지는 것이다.

펭귄 최초의 생애는 시간의 흐름에 따른 환경의 변화와 완전히 어우러져 있다. 오늘 하루 우리가 살펴보고 있는 다른 모든 새도 마찬가지다.

[*] 프랑스어로 '어린이집'이라는 뜻. 공동 양육을 하는 무리, 혹은 그런 행동을 가리키는 동물학 용어다.

[**] '새끼 새가 다 자라다'를 가리키는 영어 단어 fledge에는 '날아갈 수 있게 되다'라는 뜻도 있다. 하지만 날지 못하는 펭귄에게 자립은 비행 능력과 상관없음을 이야기하고 있다.

새끼 펭귄은 해빙이 깨지기 전 자립할 만큼 자라야 한다. 충분한 성장의 시간이 필요하다. 하지만 인간은 이 행성의 기후를 급격하게 변화시켰고, 오랫동안 진화하며 형성된 펭귄의 삶의 일정을 침해하고 있다. 얼음은 점점 빨리 녹고, 어린 펭귄이 살아남을 가능성은 점점 낮아진다.

오후 3시

호사찌르레기
Superb Starling
Lamprotornis superbus

아프리카

최고의 순간에 있을 때, 당신은 혼자가 아니다.✢
호사찌르레기들은 알록달록한 무리를 지은 채 공동의 둥지를 지키고 있다. 이들의 깃털은 막 기울기 시작하는 오후 햇살 아래에서 영롱하게 빛난다.

아프리카에 사는 호사찌르레기의 영어 이름을 직역하면 '최고의 찌르레기'다. 이 새는 특별한 이름에 걸맞은 외양을 지녔다. 밝은 주황색 배에서 각도에 따라 다른 빛이 나는 청록색 등과 가슴, 선명한 하얀색 가슴 띠와 노란색 눈까지, 이들은 온갖 색의 향연이다. 사바나 지역에 서식하며 혼자 다니는 경우가 거의 없기 때문에 실제로 보면 글로 읽을 때보다 더 화려해 보일 것이다. 비번식기인 건기(곤충 먹이가 부족할 때)든 번식기인 우기(먹이가 풍부할 때)든 항상 이들은 무리 지어 산다. 함께 살며 번식 역시 함께한다. 여러 쌍이 하나

✢ **호사찌르레기의 영어 이름에 들어가는 superb가 '최고의' 라는 뜻이라는 점에 착안한 말장난이다.**

의 대형 둥지에 알을 낳는다. 둥지는 주로 가시덤불이나 나무의 안전한 곳에 짓는다. 새끼 새가 부화하면, 부모들은 다음 세대를 기르고 지키는 데 힘을 합친다.

호사찌르레기는 왜 협력해 번식하도록 진화했을까? 많은 연구가 예측할 수 없는 날씨 변화로부터의 보호 전략이었다는 결론을 제시한다. 예기치 않은 우기가 닥치면 암수 한 쌍만 있을 때보다 서로 도울 수 있는 '헬퍼helper'의 수가 많은 경우에 훨씬 더 잘 대처할 수 있다.

협력 번식 종에게 헬퍼의 수는 재생산 성공률과도 관련된 요건이다. 암컷 호사찌르레기는 여러 수컷 헬퍼를 자기 새끼의 아비로 둔다. 수컷의 입장에서는 자손을 남길 가능성이 높아지므로 암컷의 모집에 적극적으로 응한다. 암컷은 자신의 원래 짝과 헬퍼들이 근친일 경우, 새로운 수컷을 찾기 위해 무리 밖으로 나가기도 한다. 아비가 다양하면 후대의 유전적 다양성이 확보될 수 있다.

이런 다양성이 여러 병원균과 질병에 맞서는 새의 면역 체계를 강화해 준다.

암컷이 성공적인 재생산과 관련한 결정권을 쥐고 있기 때문에 암컷 호사찌르레기들은 종종 서로 갈등을 겪는다. 수컷들은 번식 과정에서 우선순위인 짝, 헬퍼, (암컷이 유전적 다양성을 명목으로 모집하는) 하룻밤 상대 등 여러 역할을 맡지만 암컷에게는 단 하나의 역할만 있다. 주된 역할을 해내지 못하는 암컷은 무리에서 버림받는다. 이들은 집 없이 떠돌다 외로이 죽는 방랑자가 된다.

어떤 암컷은 둥지를 지배하고 어떤 암컷은 오후의 햇살 아래 홀로 떠돌아다니게 된다. 이 운명을 가르는 결정적 요인은 무엇일까? 호사찌르레기를 '최고의 찌르레기'로 만든 바로 그것을 떠올려보라. 다름 아닌 색색의 깃털이다. 아프리카 전역에 사는 찌르레기 종을 통틀어, 외양이 화려한 암컷 찌르레기일수록 짝짓기 경쟁에서 이겨 협력 번식의 승자가 될 가능성이 높다.

오후 4시

뻐꾸기

Common Cuckoo

Cuculus canorus

유라시아

새들이 속고 속이는 것은 어둑한 새벽녘에만 일어나는 일이 아니다. 뻐꾸기는 늦은 오후 햇살 속에서도 둥지 주인들을 속이곤 한다.

오늘, 지금 이 시간까지 우리는 꽤 많은 알을 보았다. 왜 새들은 새끼가 아닌 알을 낳을까? 우선 임신한 상태로는 날 수 없다는 설명이 가능하다. 물론 박쥐는 이에 동의하지 않을 것이다. 진화의 방향성 때문이라는 이야기도 있다. 선조 때 알을 낳았는데 후대에 이르러 새끼를 낳는 방식으로 진화하기는 어렵다는 것이다. 하지만 뱀과 도마뱀은 이를 반증하는 사례다. 이들을 포함해 일부 파충류는 원래 알을 낳았지만 새끼를 낳는 태생으로 진화했다.

어떤 이유에서든 대부분의 새는 막 수정되어 아직 발달하지 않은 알을 낳는다. 그런데 뻐꾸기는 예외다. 암컷 뻐꾸기는 우리가 앞에서 만난 찌르레기사촌과 비슷한 전략을 쓴다. 남의 둥지에 몰래 자기 알을 남겨두는 것이다. 이들 역시 다른 어미 새가 먹이를 찾거나 영역을 방어하느라 둥지를 떠나 있을 때를 노린다.

하지만 찌르레기사촌과 다르게 뻐꾸기는 알을 하루 정도 난관에서 발달시켜 낳는다. 왜 그렇게 하는 것일까? 이를 통해 뻐꾸기는 다른 새보다 좀 더 빨리 부화할 수 있다. 잔인한 킬러의 본능을 지닌 새끼 뻐꾸기의 부화는 둥지의 원가족에게는 파국의 신호다. 태어난 후 이틀에서 나흘 만에, 눈도 못 뜨고 채 깃털이 나지 않은 상태에서도 이들은 같은 둥지에 있는 다른 알과 아기 새들을 모두 밀어낸다. 부모 새들은 종종 무력하다. 경쟁자를 제거함으로써 양부모의 돌봄을 독차지하려는 이런 시도는 며칠 동안이나 계속된다. 한 연구에서는 연구자들이 밀려난 알을 다시 둥지에 넣어놓자 새끼 뻐꾸기가 또다시 던져버리기를 반복했다.

공격에는 대가가 따른다. 밀어내야 할 알이 많고, 밀어내는 데 에너지가 많이 들수록 새끼 뻐꾸기의 성장 속도도 늦춰진다. 경쟁자 제거에 쏟는 시간을 양부모에게 영양가 있는 먹이를 조르는 데 쓸 수도 있었을 것이다. 그래도 뻐꾸기 입장에서는 그런 노력을 기울일 가치가 있는 것 같다. 아기 뻐꾸기가 알을 다 제거하지 못하고 다른 아기새와 억지로 동거하게 되면 외동일 때보다 더 느리게 크고 더 자주 죽는다.

이처럼 남의 새끼가 둥지를 차지하는 것을 피하기 위해 어떤 숙주들, 예를 들면 개개비[✢]는 애초에 암컷 뻐꾸기의 산란을 막는 데 전력을 기울인다. 이들은 뻐꾸기를 피가 나도록 공격하며 심지어 기절시킬 정도로 힘이 세다. 일단 뻐꾸기를 발견하면 둥지 안에 기생하는 알이 존재할 가능성에 더욱 민감해진다. 기를 쓰고 그것들을 골라내 뻐꾸기의 번식 기회를 박멸하려 한다.

✢ '개개비'로 번역한 great reed warbler는 국명 개개비로 지칭되는 oriental reed warbler와는 다른 종이다. 주로 유럽이나 아프리카에 서식한다.

그러나 적의 알을 탐지하는 것은 생각보다 어렵다. 찌르레기사촌은 자기 몸에 비례하는 크기의 알을 낳는다. 하지만 뻐꾸기는 몸에 비해 매우 작은 알을 낳는다. 이 역시 속임수의 일부다. 뻐꾸기의 알은 둥지 주인 알과 크기, 외양이 비슷하다, 그 속은 전혀 다를지언정 말이다!

오후 5시

인도구관조
Indian Myna
Acridotheres tristis

아시아에서 전 세계로 확산

저녁 햇살 속에 내려앉은 인도구관조 한 쌍이 잔치를 벌이고 있다. 인간이 길고양이를 위해 마련해 놓은 먹이 그릇을 용케 찾은 모양이다.

인간이 세계의 형국을 바꾸고 있는 와중에도 인도구관조는 잘 적응하고 있다. 우리는 이 깃털 달린 개척자들이 고향인 인도로부터 태평양과 지중해 섬에 이르기까지 여러 새로운 서식지를 찾는 과정에 일조했다.✦

다들 앞에서 만난 아프리카의 호사찌르레기를 기억하고 있을 텐데, 인도구관조는 호사찌르레기에 이어 오늘 우리가 두 번째로 만나는 찌르

✦ **인도구관조는 적응력이 강해 전 세계로 확산되고 개체수가 빠르게 늘어 많은 국가에서 생태계를 교란하는 외래침입종으로 분류된다. 국제자연보전연맹(IUCN)은 2000년 인도구관조를 세계적 침입종으로 규정했다. 한국에서도 2019년에 발견되어 국명이 '검은머리갈색찌르레기'로 정해졌다. 이 책에서는 국명 대신 본문의 맥락에 맞는 '인도구관조'라는 번역어를 썼다.**

레기과 새다. 인도구관조가 정착한 지역 중 하나인 이스라엘에서는 늦은 오후 인간들이 문밖에 둔 고양이 밥을 구관조가 훔쳐 먹는 광경이 종종 목격된다. 낮 동안에도 이들이 서로 소란스럽게 의사소통하거나 자신의 소중한 둥지 구멍을 다른 종으로부터 지키느라 분주한 모습을 볼 수 있다.

인도구관조는 세계에서 가장 용감하고 모험심이 강한 새 중 하나다. 원래 살던 남아시아를 떠나 멀고 먼 대륙과 섬들로 나아간 것만 봐도 알 수 있다. 이들은 외양이 화려하고 성격이 활동적인데다 인간과도 잘 친해져 반려동물로 길러졌다. 따라서 이들이 전 세계로 퍼져 나간 데에는 인간의 책임도 있다. 반려인들이 이들을 잃어버리거나 고의로 풀어준 결과 지역 개체군이 형성되기도 했다.

인도구관조는 반려동물로 사는 것을 넘어 인간을 위해 노동을 하기도 한다. 이들은 곤충을 즐겨 먹기 때문에 절지동물이 들끓는 농장 등지에서 유용한 해충 방제 생물로 활약해 왔다. 하지만 이런 노동자 새들 중 일부도 농장을 벗어나 야생에 가까운 서식지에서 개체군을 형성함으로써 그곳에 원래 서식하던 고유종 새들과 경쟁 관계에 놓였다.

오늘날 뉴질랜드 북섬의 아열대 지역이나 호주 동부 연안에서는 어디 가나 인도구관조가 있다. 이들은 자기 새끼를 지키려고 다른 새는 물론 인간들과도 싸워댄다. 고유종 새를 괴롭히고 좋은 둥지 구멍들을 차지한다. 스스로 나무에 구멍을 뚫는 딱따구리 같은 종이 없는 호주, 뉴질랜드, 태평양제도에서는 둥지 구멍이 귀하기 때문에 고유종 새의 피해가 더 크다.

이들은 어떻게 개척자가 되었을까? 낯선 지역에 처음 진입한 인도구관조는 어떻게 정착에 성공할 수 있었을까? 개척자 구관조는 더 영리하고 새로운 것에 대한 두려움이 적다. 진짜다. 과학자들이 이스라엘에 정착한 구관조와 고향 인도에 사는 구관조에게 먹이 든 퍼즐 상자를 풀도록 했는데 이스라엘 구관조가 이겼다!

지금 이 순간에도 인도구관조의 서식 범위는 넓어지고 있다. 저녁 무렵 이스라엘에서 가장 큰 하이파 항에 나가면 구관조가 지중해로 출항하는 상선에 탄 모습을 볼 수 있다. 이 지역에서는 한 동물원이 구관조를 방사한 후 그 수가 대폭 늘었다. 모두 고양이 밥 덕분이다. 미국 플로리다주 마이애미 인근에서도 같은 현상이 나타나고 있다. 새들은 동부 해안선을 따라 북쪽으로, 교외의 서식지로 진격하고 있다.

오후 6시(일몰)

깃발쏙독새
Standard-Winged Nightjar
Caprimulgus longipennis

아프리카

수컷 깃발쏙독새가 황혼 녘에 펼치는 짝짓기 비행은 암컷 관객들을 향한 황홀한 쇼다. 인간도 운이 좋다면 이 장관을 목격할 수 있다. 번식기마다 이들이 서식하는 사하라 이남 아프리카의 사바나에는 탐조인들이 행운을 찾아 몰려든다.

수컷 깃발쏙독새는 짝짓기 비행에 공을 들이는 방향으로 진화하면서 그 외양이 다른 어떤 새보다 더 많이 변했다. 이들의 양 날개에는 (직역하면 '표준 날개 쏙독새'인 영어 이름이 전혀 어울리지 않게도) 깃가지 없는 긴 깃대와 끝의 어두운색 깃털 부분으로 이루어진 독특한 날개깃이 달려 있다. 깃발쏙독새가 날 때 이 깃털은 대칭을 이루며 나란히 공중에 나부낀다. 길이가 몸보다 더 길어 먹이 사냥에 나설 때는 처치 곤란일 듯하다! 한낮의 햇살이 사그라들어 어둑해지는 가운데 날아다니는 곤충을 쫓으려면 움직임이 날렵하고 가뿐해야 할 텐데, 얼마나 거추장스러울까.

그러니 이런 깃털을 길러 얻는 이득이 확

실해야 한다. 다윈주의자들의 자연선택설에 따르면 이는 성선택의 결과다. 우리가 앞에서 만난 공작의 꽁지깃도 마찬가지며 다른 쏙독새 종 중에서도 독특한 깃털을 지닌 사례를 여럿 발견할 수 있다. 수컷 공작이 한껏 펼쳐 과시한 꽁지깃은 암컷의 흥미를 끌어서 그의 유전자가 후대에 이어질 가능성을 높인다. 아름다운 꽁지깃 역시 '섹시한 아들'에게 물려줄 수 있고 말이다.

따라서 암컷이 가까이 있을 때 비로소 깃발쏙독새의 날개깃은 진가를 발한다. 수컷은 특수한 근육으로 이 깃털들을 끌어 올려 깃대처럼 세운다. 그리고 펄럭펄럭 느리게 날면서 잔물결 같은 공기의 움직임을 만들어낸다. 그 덕분에 깃털은 마치 깃발처럼 공중을 흐른다. 수컷은 암컷 관객이 숨어 있는 지상 가까이를 천천히 비행하며 깃털을 한껏 과시한다, 공기역학을 고려했을 때 저공비행은 고난도의 묘기다.

이렇게 뽐내는 동안 수컷은 공격에 취약

해지기 때문에 그의 입장에서 이 에어쇼는 매우 위험천만한 행동이다. 그만한 위험을 감수한다는 것은 이 쇼가 짝을 찾는 데 매우 중요하다는 뜻이다. 수컷이 낮 동안 주변 환경에 파묻혀 쉬고 있을 때조차 그의 깃털은 눈에 너무 잘 띈다. 아마도 이 때문에 수컷은 밤에만 알을 품는다. 낮에는 양육을 거들지 않는다. 뭐 그래도, 아예 부모 노릇을 나 몰라라 하는 공작이나 카카포 수컷에 비하면 나은 아비 같다.

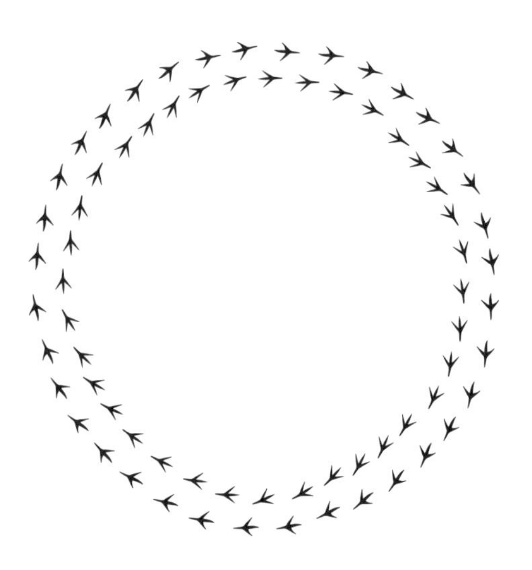

오후 7시

서양큰꺅도요
Great Snipe
Gallinago media

유라시아

서양큰꺅도요가 먹이 활동을 나서는 시간은 주로 황혼 무렵과 새벽이다. 이들의 얼룩덜룩한 갈색 깃털은 사그라드는 햇빛 속에서 몸을 숨기는 데 도움이 된다.

겉모습은 꽤 육중해 보이지만 이 도요새는 특정 방위를 유지하는 장거리 이동을 빠른 속도로 해내는 강인한 비행 능력자다. 그 와중에 지상의 포식자 혹은 자신을 지켜보는 우리 같은 인간의 훼방을 받으면 지그재그로 날아올라 또 다른 습지 서식지를 향한다. 이들의 눈은 머리 위쪽에 붙어 있어 시야가 대단히 넓다. (친척 종인 멧도요도 같은 특징을 지니고 있다.) 포식자나 우리 같은 불청객의 존재를 전방위적으로 알아차릴 수 있다. 심지어 우리가 뒤에 있을 때도 말이다.

수컷은 해가 막 진 후부터 밤까지 계속해서 공중을 과시하듯 비행하는데 이는 암컷의 관심을 끌고 다른 수컷들에게 경고를 보내 자기 영역을 지키는 신호 행동이다. 이때 우리는 도요새의 비행을 볼 뿐 아니라 들을 수 있다. 이들이 원을 그리며 돌다가 지상 가까이로 내리긋듯 날 때 웅웅거리는 '훕' 소리가 반복적으로 난다. 새들은 주로 발성기관인 울대를 통해 노래하지만 지금 이 소리는 그런 것이 아니다. 도요새는 물론 무희새, 벌새 등 많은 종이 비발성으로 소음을 발생시켜 의사소통을 하는 '소네이션sonation'을 한다. 암수 도요새는 구애할 때 활강하면서 꽁지깃으로 바람을 일으킨다. 그 진동 소리는 긴 '바아아아아'에 가깝다. 일부 지역에서 이들이 '하늘의 염소'라는 별명으로 불리는 이유다.

소란스럽고 끈질긴 구애 쇼 후 암컷이 수컷을 선택하면 둘은 짝이 되어 같은 영역에 머물며 가족을 이룬다. 암컷은 자기 영역에서 가장 건조한 땅, 얕은 홈에 둥지를 튼다. 침수 위험으로부터 알을 보호하기 위해서다. 알은 한 번에 네 개씩 낳는데 뾰족한 한쪽 끝이 둥지 바닥에 콕 박혀 있고 색은 얼룩덜룩해 주변 흙 및 수풀과 구별되지 않는다. 거주 영역의 다른 편은 보통 부드럽고 질척이는 진흙탕이 있는 습지다. 이곳은 도요새가 긴 부리를 찔러 넣어 지렁이, 곤충 애벌레, 달팽이 등을 잡는 사냥터다.

알을 낳고 약 3주가 지나면 아기 새들이 껍질을 깨고 나온다. 부모는 각자 새끼를 둘씩 맡아, 나뉘어 행동한다. 이렇게 하면 암컷과 수컷이 이제 막 움직이기 시작한 새끼들을 안전하게 지키고 이끄는 책임을 공평하게 질 수 있으며, 새끼들을 한 번에 몽땅 잃을 가능성이 낮아진다. 계란(이 경우에는 아기 새들)을 한 바구니에 담지 말라는 속담도 있지 않은가!

오후 8시

박쥐매
Bat Hawk
Macheiramphus alcinus

아프리카와 아시아

저물녘 해가 물러나 어둑해지면, 박쥐들이 일제히 동굴과 은신처로부터 쏟아져 나온다. 일부 맹금류는 약해지는 빛 속에서 이들을 사냥하도록 진화했다.

박쥐매는 밝은 노란색 눈을 부릅뜬 채 박쥐 무리가 한밤 속에 흩어지기를 기다린다. 이들은 특히 작은 곤충을 먹는 박쥐 종을 노리는 포식자다. 이름부터 자신의 먹이를 따서 지어졌다. 박쥐매가 동굴 입구 근처 나뭇가지에 앉아 대기하는 모습을 좀 보라. 어둠이 다가오면, 그는 칼새나 쏙독새가 곤충을 삼킬 때처럼 박쥐를 향해 하강한다.

박쥐매는 통상적인 맹금류보다 눈이 더 클 뿐 아니라 유난히 넓은 부리를 자랑한다. 다른 어떤 매보다도 입을 더 쩍 벌릴 수 있다. (물론 자신의 두개골 크기에 비해서 말이다.) 이들은 비행 솜씨 또한 대단해서 재빠른 속도와 날렵한 회전 능력으로 먹잇감을 추격한다. 날아다니는 와중에 쩍 벌린 입으로 박쥐를 통째로 삼키며, 매일 저녁 최대 열다섯 마리를 신속하게 연속으로 먹어 치운 후 컴컴한 밤 속으로 퇴각한다.

이 황혼 녘의 대식가를 만나려면 열대 기후 지역으로 가야 한다. 아프리카, 마다가스카르, 아시아, 뉴기니의 적도 근처 등 어디에서든 이들은 박쥐 사냥 전문가로 살아간다. 박쥐 굴에서 박쥐 떼가 출몰하는 시각 전후로 딱 한 시간씩만 먹이 활동을 한다.

이들은 심지어 번식기까지 박쥐와 맞춘다. 부화 기간 동안 수컷은 자신뿐 아니라 알을 품고 있는 암컷의 식사도 책임져야 한다. 이때 수컷 박쥐매는 속도가 느리고 잘 움직이지 못하는 임신부 박쥐를 노림으로써 먹이를 충분히 확보한다. 또한 새끼 박쥐매 역시 새끼 박쥐와 같은 시기에 자라면서 이득을 얻는다. 어린 박쥐는 비행이 서툰 어린 새도 잡을 수 있는 만만한 사냥감이다.

오후 9시

해오라기
Black-Crowned Night Heron
Nycticorax nycticorax

전 세계

우리는 이 새의 이름만으로도 언제 만날 수 있는지 알지만✦ 어디서 만나야 할지는 늘 미지수다.

중간 크기의 물새인 해오라기는 낮 동안 울창한 초목 속에 안전하게 숨어 있다가 밤이 되면 먹이를 찾으러 나간다. 얕은 물속을 돌아다니거나 물 위에 드리워진 나뭇가지에 앉은 채 물고기를 낚는다. 번식기만큼은 예외다. 이때는 부모와 아기새 모두에게 더 많은 에너지가 필요하므로 온종일 먹는다. 낮에 하는 낚시가 더 생산적이고 효과적일 수 있다. 하지만 몸집이 큰 왜가리들도 먹이 활동을 나오는 시간이므로 다른 새들과의 경쟁이 치열하다는 단점이 있다.

해오라기는 전 세계 거의 모든 대륙에서 목격된다. 이들은 청명한 가을 하늘 아래 펼쳐진 뉴욕 센트럴파크 저수지의 일부이자 헝가리 리틀

✦ **해오라기의 영어 이름에는 '밤night'이라는 단어가 포함되어 있다.**

벌러톤 국립공원의 선선한 여름날 풍경과 봄철 파타고니아에 닥친 시린 눈보라 속에도 있다. 해오라기는 같은 시기 한 장소에서 집단으로 번식한다. 중간 크기의 나무와 덤불이 빽빽하게 군락을 이룬 곳에 이들의 둥지가 모여 있다. 동시에 둥지를 틀고, 동시에 알을 낳고, 이웃과 동시에 새끼를 기르면 이곳을 노리는 포식자들의 표적이 될 확률이 낮아진다. 해오라기의 알은 무늬 없는 푸른색이며 이 색을 내는 색소는 미국지빠귀와 노래지빠귀의 푸른색 알, 그리고 호주에 현존하는 에뮤와 뉴질랜드에서 멸종한 모아의 청록색 알 색소와 같다. (이 색소의 이름은 '빌리베르딘'으로 새의 핏속에서 산소를 운반하는 헤모글로빈에 포함된 성분이다. 암컷이 먹이에서 얻지 않고 스스로 합성해 낸다.)

해오라기는 널리 서식하고 개체수도 많았지만 최근에는 인간이 이들의 번식지인 습지를 주택단지와 쇼핑센터로 개발하면서 위협받고 있다. 우리는 건축을 계획할 때 반드시 다른 생명체가 그

장소를 활용하고 있는지를 살펴 평가해야 한다. 해오라기의 경우에는 특히 번식기가 아닌 계절을 어디에서 보내는지, 그 기간에 어떤 위험에 처해 있는지 파악하지 않으면 안 된다. 해오라기의 이동 경로를 조사하기 위한 연구는 1990년대 초 미국 워싱턴 D.C.에 위치한 스미소니언 국립동물원에서 처음으로 수행되었다. 한 과학자가 동물원에서 번식한 해오라기의 발뼈에 인식표 기능을 하는 다양한 색의 작은 금속 띠를 달았다. 당시로서는 선구적인 연구 방법이었다. 인근 지역의 시민 과학자들이 금속 띠를 단 새들의 소식을 연구자에게 알려주었다.

21세기인 현재에는 새를 추적할 때 인공위성과 휴대전화 기지국, 그리고 도난당한 차나 컴퓨터의 위치를 찾는 데 쓰이는 태그를 활용한다. 이런 방법을 통해 우리는 해오라기가 미국 동부 해안에서부터 저 멀리 중앙아메리카, 카리브해, 미국 남동부까지 날아간다는 것을 알게 되었다. 중요한 것은 번식지가 다양한 새들이 같은 월동지로 반복해 돌아온다는 사실이다. 해오라기를 비롯한 철새들은 인간이 다 알지 못하는 복잡한 이동의 패턴을 오랫동안 지속해 왔다. 철새 이동 연구들은 이들이 여름과 겨울을 보내는 서식지를 해치는 것이 얼마나 위험한지를 밝히는 증거이기도 하다.

오후 10시

큰날개제비슴새
Cook's Petrel
Pterodroma cookii

뉴질랜드—아오테아로아

Angell

뉴질랜드 오클랜드로부터 북쪽으로 약 80킬로미터 떨어진 리틀배리어섬(마오리어로 '하우투루')에 어둠이 깔리면 낮 동안 섬을 가득 채웠던 흰머리새(마오리어로 '포포코테아'), 뉴질랜드굴뚝새(마오리어로 '티티포우나무'), 카카앵무새 등 육지새들의 노랫소리는 모두 잠잠해진다. 그 대신 들려오는 것은 큰날개제비슴새의 요란한 착륙 소리다. 이들은 이 섬에서 가장 흔한 바닷새다.

번식기에 이곳에는 수십만 마리의 큰날개제비슴새가 모여든다. 우리는 이들이 짝을 지어 땅 밑으로 긴 굴을 파 내려가는 장면을 목격할 수 있다. 슴새는 그 끝에 둥지를 틀고 알을 딱 하나 낳는다. 그리고 마침내 깃털이 빽빽한 새끼 새가 태어날 때까지 굴을 지킨다. 이들처럼 몸집이 작은 슴새는 어둠을 틈타 땅에 내려앉는 편이 낫다. 덤불에 부딪치고, 숲 바닥에 떨어지고, 짧고 약한 다리로 비틀거리는 어설픈 착륙의 광경을 맹금류 같은 포식자들에게 들키지 않을 수 있기 때문이다. 슴새들은 키가 큰 카우리 나무 사이로 떨어진 후 각자의 둥지와 짝, 새끼를 찾는 후각 능력을 발휘해 굴 속으로 재빠르게 사라진다.

리틀배리어섬은 매우 특이한 장소다. 하우라키만(마오리어로 '티카파 모아나')의 거친 바다 위로 우뚝 솟은 모습이 마치 영화 〈쥬라기 공원〉 시리즈에 나올 법한 화산섬 같다. 여기는 전 세계를 통틀어 큰날개제비슴새의 개체군이 서식하는 단 두 곳의 섬 중 하나다. 다른 한 곳은 뉴질랜드 남섬(마오리어로 '테 와이포우나무')의 남쪽이며 스튜어트섬(마오리어로 '라키우라') 연안에 있는 코드피시섬(마오리어로 '웨누아 호우')이다. 이 섬은 리틀배리어섬보다 작으며 번식하는 큰날개제비슴새의 수도 훨씬 적어서 약 5천 쌍에 불과하다.

자, 다시 리틀배리어섬으로 돌아가 보자. 이 섬은 최근 육지새와 바닷새를 막론하고 모든 뉴질랜드 새에게 가장 안전한 안식처가 되었다. 인간들이 스스로 유입시킨 외래침입종 포유류를 내

보내는 작업을 해왔기 때문이다. 1970년대 후반에는 고양이들을 덫으로 잡았고, 2000년대 초반에는 GPS 유도 헬리콥터를 활용해 폴리네시아쥐(마오리어로 '키오레')를 없앴다. (당시 인간들은 섬 전역에 독극물을 떨어뜨리고, 독극물이 사라질 때까지 고유종 새인 키위와 고유종 파충류인 투아타라를 가두어 놓았다.) 그 결과 더 이상 이 섬에는 포유류가 살지 않는다. 소수의 인간, 환경보전부 상주 직원과 허가받은 연구진을 제외하면 말이다. 이곳은 멸종 위기에 처했다가 2013년에 다시 발견된 뉴질랜드바다제비의 유일한 서식지이며 자이언트웨타(날지 못하는 귀뚜라미의 친척 종), 키위(우리가 오늘 아침에 만난 작은점박이키위의 친척 종), 투아타라(뱀과 도마뱀이 진화해 나온 고대 파충류의 한 종) 등 날지 못하는 뉴질랜드 고유종 동물들의 집이기도 하다.

큰날개제비슴새는 태평양 양쪽 해안선을 따라 살아간다. 뉴질랜드 서쪽에서 여름과 번식기를 보낸 후 계절이 바뀌면 아메리카 대륙의 남반구 대륙붕을 향해 빠르게 동쪽으로 이동한다. 그곳에서 물고기와 오징어를 낚으며 겨울을 난다. 해수면에서 먹이를 노리거나 수 미터 깊이 바닷속으로 잠수하기도 한다. 그리고 다시 때가 되면 하와이제도와 적도 태평양을 거쳐 뉴질랜드로 돌아오는 반시계 방향의 여정을 완료한다. 박물관에 보존된 새 가죽의 유전자 분석에 따르면 이런 이동 패턴은 한 세기, 혹은 그 이상의 오랜 세월 동안 지속되어 왔다. 그러나 최근 슴새 종의 번식은 심각하게 위협받고 있다. 태평양 동쪽 연안 어류의 개체수가 감소하고 있으며 외래침입종 포유류들의 영향도 크다. 지구상의 단 두 곳에서만 번식하는 큰날개제비슴새는, 아무리 리틀배리어섬의 환경이 개선되었다고 하더라도 여전히 취약한 종이다.

오늘 만난 다른 새들처럼 이들의 번식 또한 복잡하고 위험을 감수하는 과정이다. 한 쌍의 부모 새는 며칠 간격으로 번갈아 알을 품는다. 한

번 먹이를 구하러 나갈 때 그다음 며칠 동안 알을 품으며 쓸 지방까지 빠르게 보충해야 한다. 외동아이가 태어나면, 그를 먹이기 위해 사냥을 더 많이 다녀야 한다. 부모 새는 기름진 유백색 물질을 게워내어 새끼를 먹인다. 필요한 먹이가 늘어날수록 둥지가 남겨져 있는 시간은 길어진다. 이들만큼 열심히 양육하는 부모도 드물다. 아직 날지 못하는 새끼가 어른 몸무게의 1.5배에 달할 때까지 살을 찌운다! 그때가 되면 드디어 부모는 아이를 내버려둔다. 그러면 그는 점점 살이 빠지고, 배고픔은 모험의 동기가 된다. 아기 새는 결국 둥지였던 굴을 떠난다. 마침내 섬을 박차고 날아올라 스스로 어른의 삶을 살아가기 시작한다.

오후 11시

꼬까울새
European Robin
Erithacus rubecula

유라시아

겨울밤의 어둠 속에서 우리는 지난 낮을 떠올리게 하는 동시에 앞으로 다가올 뜨거운 날들을 경고하는 노랫소리를 듣는다.

우리는 밤이 올빼미, 키위, 쏙독새 같은 야행성 새의 시간이라고 생각해 왔다. 하지만 점점 더, 환한 낮에 어울리는 깃털 색과 소리를 지닌 새들이 늦게까지 노래하는 일이 늘어나고 있다. 꼬까울새도 그렇다. 울새는 보통 숲의 하층식생에 서식하는 새로, 희미한 빛 속에서 나무 밑과 덤불 바닥을 뒤져 먹이가 될 곤충을 찾는다. 하지만 수컷은 숲 지붕 높은 곳, 눈에 잘 띄는 자리에 앉아서는 저 멀리 있는 다른 울새까지 다 듣도록 멜로디를 들려주는 일을 즐긴다.

나는 어느 1월의 깊은 밤, 독일 북서부 지역에서 바로 그런 울새를 맞닥뜨렸다. 노래는 아름다웠고 그 작은 새는 인간이 휴대전화로 자신의 공연을 찍어도 전혀 개의치 않았다. 하지만 울새가 굳이 대륙의 겨울 추위 속에서 노래하는 것은 생각할수록 이상한 일이다. 꼬까울새는 북유럽의 철새 종으로 보통은 유럽 대륙의 서쪽이나 남쪽, 북아프리카에서 추운 계절을 보낸다. 그런데 이 수컷은 그 시기의 북해 연안에서 뭘 하고 있었을까? 땅에는 눈이 쌓여 있고 먹잇감인 곤충도 드문 그곳의 어둠 속에서 노래한 이유는 무엇일까? 물론 그 도시 여기저기에 겨울을 나는 새들을 위한 먹이통이 있었던 만큼 그렇게까지 굶주리지 않았을 수도 있다는 생각은 든다. 그래도 나는 그가 오래된 둥지나 울창한 초목 속에 웅크린 채 자신의 귀중한 에너지를 비축하는 것이 맞지 않을까 싶었다.

번식기가 시작되기까지 아직 몇 달이나 남은 시점이었다. 그는 도대체 누구 들으라고 목청을 높이고 있었을까? 잠재적인 짝을 위한 노래가 아니었던 것만은 분명하다. 울새들은 봄이 되기 전에는 짝을 찾지 않는다. 어쩌면 그의 노래는 자신이 겨울을 보내는 영역으로 들어오지 말라며 주변 새들을 향해 보내는 경고였을지도 모른다. 그는 자기 영역의 자원을 독점하고자 했다. 먹이, 쉼터 그리고 당시에 앉아 있던 높은 자리까지.

한밤중에 깨어 있었던 것도 의아하다. 그와 내가 있었던 곳은 브레멘 교외 지역이었다. 아마도 낮에는 도시의 소리 풍경이 울새에게 너무 시끄러웠을 것이라고 짐작한다. 자기 목소리로 자동차 소음을 이길 수는 없었을 테니 말이다. 네덜란드의 노랑배박새 등 어떤 새들은 도시의 불협화음보다 높은음을 냄으로써 이 문제에 대처한다. 반면 울새는 아예 노래하는 시간을 바꾸는 쪽을 택한다.

더 나아가 도시 가로등이 내뿜는 청색 파장이 울새를 혼란에 빠뜨렸을 가능성도 있다. 청색광은 동식물에게 낮을 알리는 신호가 된다. 그러니 지금 내 귀갓길을 안내하고 있는 바로 그 가로등의 파장이 울새에게는 노래할 타이밍을 잘못 가르쳐 주고 있는지도 모를 일이다.

어둠을 지나 집으로 돌아가며 나는 이런 저런 근심에 잠긴다. 꼬까울새와, 오늘 우리가 만난 모든 새의 밤이 부디 평안하기만을 바랄 뿐이다.

나가는 인사

오늘 우리는 많은 새를 만났다. 사실, 24시간을 채울 수 있는 스물네 종 새의 조합은 무궁무진하다. 올빼미도 다양하고, 키위에도 여러 종이 있으며 야행성 솔개가 밤의 사냥꾼 역할로 등장할 수도 있었을 것이다. 낮에 활동하는 새들의 목록은 훨씬 더 풍부하다. 철새가 이동하는 봄과 가을, 겨울과 건기, 여름과 우기, 그리고 온대 및 열대 지역 등을 중심으로 새들을 섭외해도 되고, 심지어 같은 새도 일 년 중 여러 다른 시기 혹은 하루 중 여러 다른 시간을 통해 다채롭게 만날 수 있다. 처음 이 책을 기획할 때는 각각의 새를 24시간 동안 따라다니는 이야기를 구상했다.

책 작업을 시작하는 시점에 운 좋게도 독일 베를린 그루네발트 정원 지구에 있는 고등연구소에서 일하게 됐다. 여기서 나는 나이팅게일과 꼬까울새를 보고 들을 수 있었다. 베를린은 유럽에서 도시 조류의 수도로 알려진 곳이다. 지역 새들의 노래 방언을 기록하는 시민 과학 프로젝트들이 다수 진행되며 새 거주자들이 많은 만큼 이들을 전문적으로 사냥하는 참매의 수도 매우 많다. 나는 베를린에 사는 새들만으로도 24시간을 채울 수 있었을 것이다.

이토록 각양각색의 캐릭터들이 존재할 수 있는 것은 우리가 공유하는 이 지구상에 사는 새가 무려 만 종 이상이기 때문이다. 하지만 놀랍게도, 인간은 이들 중 상당수의 행동 다양성을 전혀 파악하지 못했다. 번식 습성은 물론 일상적인 활동에 대해서도 아는 게 거의 없다. 더욱 안타까운 것은 매년 한 종 이상이 사라지고 있다는 사실이다. 어떤 새들은 심지어 우리가 만나본 적도 없다. 기후 위기, 서식지 감소, 그리고 인간의 활발한 행위와 탐욕이 이들을 우리로부터, 그리고 다음 세대로부터 앗아가고 있다. 이 책은 이런 파괴적인 흐름을 멈추기 위해 가능한 모든 것을 해야 한다는 긴급한 요청이기도 하다.

우리는 오늘 하루를 함께 보냈다. 이 책이 독자 여러분에게 모든 새의 내일, 이들을 우리처럼 사랑할 다음 세대 인간의 내일을 위해 노력하려는 마음을 조금이나마 지폈기를 바란다.

감사의 말

이 책을 준비하는 동안 나는 독일의 베를린공과대학교, 빌레펠트대학교 훔볼트재단으로부터 연구지원을 받았다. 또한 미국 일리노이대학교 어배나-샘페인 캠퍼스 고등연구센터, 국립과학재단, 미국-이스라엘이 공동으로 운영하는 과학재단(BSF)의 보조금을 받았다.

새 하나하나를 아름답게 그려준 토니 에인절에게 감사를 전한다. 함께 작업할 수 있어서 영광이었다. 시카고대학교 출판부의 편집자 조지프 캘러미아는 저자가 바랄 수 있는 가장 훌륭한

가이드였다. 조앤 슈트라스만과 마를레네 주크 등 자신의 책 작업 경험을 친절하게 공유해 준 많은 동료들이 있었다. 대니엘 앨런은 원고를 검토했고, 테레사 울너는 색인을 만들어 주었다.

마지막으로, 살아오면서 만난 모든 새에게 감사한다.

참고 자료

단행본

Ornithology. By Frank B. Gill and Richard O. Prum. W. H. Freeman and Company. 2019.

The Bird Way: A New Look at How Birds Talk, Work, Play, Parent, and Think. By Jennifer Ackerman. Penguin Press. 2020. 제니퍼 애커먼, 《새들의 방식》, 조은영 옮김. (서울: 까치, 2022).

The Book of Eggs. By Mark E. Hauber. University of

Chicago Press. 2014.

The Evolution of Beauty: How Darwin's Forgotten Theory of Mate Choice Shapes the Animal World–and Us. By Richard O. Prum. Doubleday. 2017.

Understanding Bird Behavior: An Illustrated Guide to What Birds Do and Why. By Wenfei Tong. Princeton University Press. 2020.

논문

자정 — Pena JL, DeBello WM (2010) Auditory processing, plasticity, and learning in the barn owl. ***ILAR Journal*** 4: 338 - 52.

오전 1시 — Corfield J, Gillman L, Parsons S (2008) Vocalizations of the North Island brown kiwi *(Apteryx mantelli)*. ***Auk*** 125: 326-35.

오전 2시 — Konishi M, Knudsen EJ (1979) The oilbird: hearing and echolocation. ***Science***

204: 425-27.

오전 3시 — Aidala Z, Huynen L, Brennan PLR, Musser J, Fidler A, Chong N, Machovsky Capuska GE, Anderson MG, Talaba A, Lambert D, Hauber ME (2012) Ultraviolet visual sensitivity in three avian lineages: paleognaths, parrots, and passerines. ***Journal of Comparative Physiology A*** 198: 495-510.

— Hagelin JC (2004) Observations on the olfactory ability of the kakapo *Strigops habroptilus,* the critically endangered parrot of New Zealand. *Ibis* 146: 161–64.

— Robertson BC, Elliott GP, Eason DK, Clout MN, Gemmell NJ (2006) Sex allocation theory aids species conservation. ***Biology Letters*** 2: 229-31.

오전 4시 — Landgraf C, Wilhelm K, Wirth J, Weiss M, Klipper S (2017) Affairs happen—to whom? A study on extrapair paternity in common nightingales. ***Current Zoology*** 63: 421-31.

오전 5시 — Kilner RM, Madden JR, Hauber ME (2004) Brood parasitic cowbird nestlings use host young to procure resources. ***Science*** 305: 877-79.

— Lawson SL, Enos JK, Mendes NC, Gill SA, Hauber ME (2020) Heterospecific eavesdropping on an anti-parasitic referential alarm call. ***Communications Biology*** 3: 143.

— Sherry DF, Forbes MR, Khurgel M, Ivy GO (1993) Females have a larger hippocampus than males in the brood-parasitic brown-headed cowbird. ***Proceedings of the National Academy of Sciences*** 90: 7839-43.

오전 6시 — Barnett CA, Briskie JV (2007) Energetic state and the performance of dawn chorus in silvereyes *(Zosterops lateralis)*. ***Behavioral Ecology and Sociobiology*** 61: 579-87.

— Robertson BC, Degnan SM, Kikkawa J, Moritz CC (2001) Genetic monogamy in the absence of paternity guards: the Capricorn silvereye, *Zosterops lateralis chlorocephalus,* on Heron Island. ***Behavioral Ecology*** 12: 666-73.

오전 7시 — Hainsworth FR, Collins BG, Wolf LL (1977) The function of torpor in hummingbirds. ***Physiological and Biochemical Zoology*** 50: 215-20.

오전 8시 — Luro AB, Hauber ME (2017) A test of the nest sanita- tion hypothesis for the evolution of foreign egg rejection in an avian brood parasite rejecter host species. ***The Science of Nature*** 104: 14.

— Luro A, Igic B, Croston R, Lopez AV, Shawkey MD, Hauber ME (2018) Which egg features predict egg rejection responses in American robins? Replicating Rothstein's (1982) study.

Ecology & Evolution 8: 1673-79.

오전 9시 — Heinsohn R, Legge S, Endler JA (2005) Extreme reversed sexual dichromatism in a bird without sex role reversal. *Science* 309: 617-19.

오전 10시 — Petrie M, Krupa A, Burke T (1999) Peacocks lek with relatives even in the absence of social and environmental cues. *Nature* 401: 155-57.

— Loyau A, Gomez D, Moureau B, Thery M, Hart NS, Saint Jalme M, Bennett ATD, Sorci G (2007) Iridescent structurally based coloration of eyespots correlates with mating success in the peacock. *Behavioral Ecology* 18: 1123-31.

오전 11시 — Novcic I, Krunic S, Stankovic D, Hauber ME (2020) Duration of 'peeks' in ducks: how much time do pochard Aythya ferina spend with eye open while in sleeping posture? *Bird Study* 67: 256-60.

정오 — Pollock HS, Martinez AE, Kelley JP, Touchton JM, Tarwater CE (2017) Heterospecific eavesdropping in ant-following birds of the Neotropics is a learned behaviour. ***Proceedings of the Royal Society of London B*** 284: 20171785.

오후 1시 — Portugal SJ, Murn CP, Sparkes EL, Daley MA (2016) The fast and forceful kicking strike of the secretary bird. ***Current Biology*** 26: R58-R59.

오후 2시 — Aubin T, Jouventin P, Hildebrand C (2000) Penguins use the two-voice system to recognize each other. ***Proceedings of the Royal Society of London B*** 267: 1081-87.

오후 3시 — Little J, Rubenstein DR, Guindre-Parker S (2022) Plasticity in social behaviour varies with reproductive status in an avian cooperative breeder. ***Proceedings of the Royal Society of London B*** 289: 20220355.

— Rubenstein DR (2007) Female extrapair

mate choice in a cooperative breeder: trading sex for help and increasing offspring heterozygosity. ***Proceedings of the Royal Society of London B*** 274:1895-1903.

오후 4시

— Birkhead TR, Hemmings N, Spottiswoode CN, Mikulica O, Moskat C, Ban M, Schulze-Hagen K (2011) Internal incubation and early hatching in brood parasitic birds. ***Proceedings of the Royal Society of London B*** 278: 1019-24.

— Grim T, Rutila J, Cassey P, Hauber ME (2009) The cost of virulence: an experimental study of egg eviction by brood parasitic chicks. ***Behavioral Ecology*** 20: 1138-46.

— Pyron AE, Burbrink FT (2013) Early origin of viviparity and multiple reversions to oviparity in squamate reptiles. ***Ecology Letters*** 17: 13-21.

— Sulc M, Stetkova G, Prochazka P,

Pozgayova M, Sosnov-cova K, Studecky J, Honza M (2020) Caught on camera: circumstantial evidence for fatal mobbing of an avian brood parasite by a host. ***Journal of Vertebrate Biology*** 69: 1–6.

오후 5시 — Magory Cohen T, Kumar S, Nair M, Hauber ME, Dor R (2020) Innovation and decreased neophobia drive invasion success in a widespread avian invader. ***Animal Behaviour*** 163: 61–72.

— Magory Cohen T, Hauber ME, Akriotis T, Crochet P-A, Karris G, Kirschel ANG, Khoury F, Menchetti M, Mori E, Per E, Reino L, Saavedra S, Santana J, Dor R (2022) Accelerated avian invasion into the Mediterranean region endangers biodiversity and mandates international collaboration. ***Journal of Applied Ecology*** 59: 1440–55.

오후 6시 — Fry CH (1969) Structural and functional adaptation to display in the standard-winged nightjar *Macrodipteryx longipennis*. ***Journal of Zoology*** 157: 19–24.

오후 7시 Avery M, Sherwood G (1982) The lekking behavior of great snipe. ***Ornis Scandinavica*** 13: 72-78.

— Bostwick KS (2006) Mechanisms of feather sonation in Aves: unanticipated levels of diversity. ***Acta Zoologica Sinica*** 52S: 68-71.

— Klaassen R, Alerstam T, Carlsson P, Fox JW, Lindstrom A (2011) Great flights by great snipes: long and fast non-stop migration over benign habitats. ***Biology Letters*** 7: 833-35.

오후 8시 — Jones LR, Black HL, White CM (2011) Evidence for convergent evolution in gape morphology of the bat hawk (*Macheiramphus alcinus*) with swifts, swallows, and goatsuckers. ***Biotropica*** 44: 386-93.

오후 9시 — Igic B, Greenwood DR, Palmer DJ, Cassey P, Gill BJ, Grim T, Brennan PR, Bassett SM, Battley PF, Hauber ME (2010) Detecting pigments from the colourful eggshells of extinct birds. ***Chemoecology*** 20: 43-48.

— Scarpignato AL, Stein KA, Cohen EB, Marra PP, Kearns LJ, Hallager S, Tonra CM (2021) Full annual cycle tracking of black-crowned night-herons suggests wintering areas do not explain differences in colony population trends. ***Journal of Ornithology*** 93: 143-55.

오후 10시 — Rayner MJ, Hauber ME, Imber MJ, Stamp RK, Clout MN (2007) Spatial heterogeneity of mesopredator release within an oceanic island system. ***Proceedings of the National Academy of Sciences USA*** 104: 20862-65.

— Rayner MJ, Hauber ME, Steeves TE,

Lawrence HA, Thompson DR, Sagar PM, Bury SJ, Landers TJ, Phillips RA, Ranjard L, Shaffer SA (2011) Contemporary and historical separation of transequatorial migration between genetically distinct seabird populations. ***Nature Communications*** 2: 232.
— Rayner MJ, Gaskin CP, Stephenson BM, Fitzgerald NB, Landers TJ, Robertson BC, Scofield PR, Ismar SMH, Imber MJ (2013) Brood patch and sex ratio observations indicate breeding provenance and timing in New Zealand storm petrel (*Fregetta maoriana*). ***Marine Ornithology*** 41: 107-11.

오후 11시

— Fuller RA, Warren PH, Gaston KJ (2007) Daytime noise predicts nocturnal singing in urban robins. ***Biology Letters*** 3: 368-70.
— Alert B, Michalik A, Thiele N, Bottesch M, Mouritsen H (2015) Re-calibration of the magnetic compass in hand-raised

European robins (*Erithacus rubecula*).
Scientific Reports 5: 14323.

찾아보기

새의 시간—
날아오르고 깨어나는 밤과 낮

초판 1쇄 2024년 6월 28일

글 마크 하우버
그림 토니 에인절

번역 박우진
감수 황원관

디자인 스튜디오유연한
제작 세걸음

펴낸곳 가망서사
등록 2021년 1월 12일 (제2021-000008호)
주소 서울시 은평구 통일로78가길 33-10 401호
메일 gamangeditor@gmail.com
인스타그램 @gamang_narrative
ISBN 979-11-979719-8-3 00490

이어주는, 데려가는, 건너가는 이야기들